AF305502

# JEUX RURAUX

## ET CHALUMIQUES

SUR

## LA CULTURE ET LA RÉGIE

## DES BOIS ET FORÊTS,

ET SUR

## L'ÉDUCATION DES BOEUFS, VACHES, CHÈVRES, COCHONS, etc.

## *SCÈNE PASTORALE*

En trois Églogues, mêlées de vers;

*Avec la Fête de Pan, de Sylvain, des Faunes et des Naïades, en vers:*

Déjà préalablement imprimée et déposée.

Par Cl. ROUCHER-DERATTE,

Ancien professeur de Physique et de Chimie expérimentales, Auteur de plusieurs opuscules d'agronomie, à scènes pastorales, et de nombre d'ouvrages ou traités, en divers genres; sur les rapports oragniques, traité physiologique, l'électricité, le galvanisme, l'aimant; sur l'astronomie; sur l'optique; sur les constitutions météorologiques des saisons, par rapport à l'économie animale et végétale; sur l'art d'observer en médecine et dans les sciences naturelles; sur l'idéologie, etc. etc.

A MONTPELLIER,

De l'Imprimerie de Jean-Germain TOURNEL,

Place de la Préfecture, N.o 216.

6 Octobre 1815.

# NOMS DES INTERLOCUTEURS.

DÉ HAUTETERRE, agronome-berger, président des Jeux ruraux.

HIRCAS dit LIGNICOLE, berger-cultivateur, coryphée de la Fête de Pan.

LAFORESTIÈRE,
ORMILLE,
BOVINOSSE, } agronomes - bergers.

VERRATRE,
BOOTÈS, } Simples bergers.

MÉRINE, bergère, fille d'Hircas, amie d'Ormille.

AMYNTHE, bergère, fille d'Hircas; amie de Bovinosse.

Un Seigneur.

Nombre de bergers et de bergères.

# I.<sup>ère</sup> ÉGLOGUE.

MÉRINE , AMYNTHE , *gardant leurs troupeaux de chèvres et de vaches.*

*Mérine.* CHANTONS l'amour , ô petite bergère !
Nos chers troupeaux , paissez paisiblement.
Asséyons-nous ici sur la fougère,
Faisons chorus de voix , de sentiment.
Puissant amour ! que de plaisirs , de charmes
On éprouve sous tes aimables lois.
Oh ! qui pourroit résister à tes armes.
De tous les cœurs hommage par ma voix !
A ton empire enchaînée et soumise,
Je me soumets à mon heureux destin.
Bien veuille amour ! que charmante entreprise,
Sans nul naufrage arrive à bonne fin.
Oui, que l'hymen, et qu'après toi j'implore,
A tes bienfaits unisse ses faveurs.
Ah ! tour à tour que mon cœur vous adore !
Bien couronnés de mes vœux les ardeurs !
Que mon berger, et sensible, et fidèle,
M'apprécie très-généreux amant,
Et que d'amour tout mourant pour sa belle,
Cherchant sa main , il calme son tourment.

*Amynthe.* Trève de chanter l'amour. Quelle délicieuse journée, chère Mérine, que celle dont nous allons jouir ! hâtons-nous de faire paître nos chèvres et nos vaches, pour rentrer de bonne heure, et avoir assez de temps pour faire toilette de bergère, de manière à paroître décemment. C'est la fête des jeux ruraux et chalumiques. Il doit y avoir des luttes rurales et pastorales, entre les plus éclairés, les plus savans des riches agronomes de la contrée. On parle même de quelques étrangers ; le président en est un, dit-on. Sans doute qu'Ormille et Bovinosse, que nous n'avons pas vus de quelque temps, seront de la partie. On doit décerner des prix aux plus habiles, n'aimerois-tu pas de voir ton cher Ormille en remporter un ?

*Mérine.* Je le désire autant que je l'estime et qu'il le mérite. Je ne sache pas qui pourra le lui disputer. Et toi, mie, n'aimerois tu pas, avoue-le, de voir couronner l'aimable Bovinosse. Qu'en dis-tu, sois franche, candide ?

*Amynthe.* Pourquoi voudrois-tu que je ne désirasse pas le triomphe de mon ami ? Tu sais qu'il n'en est pas moins digne que ton cher Ormille. Je sais que les bergères jalouses ne le verroient pas du même œil. Oh ! que ne donnerois-je pas pour leur donner ce petit déboire.

Si Bovinosse me préfère à tant d'autres, et plus riches, et d'un autre rang, sans doute qu'il me trouve plus d'amabilité et d'attraits qu'il n'en a trouvés dans les autres.

*Mérine.* Oui, parce que tu es blanche, que tu as de la figure, dit-on : mais tous les bergers heureusement n'ont pas les mêmes goûts. Nous autres, brunes, avons des attraits piquans, qui valent bien les vôtres. La violette vaut bien le jasmin, et puis pauvre Amynthe, regarde avec moi dans le cristal de cette onde, comme toutes les nuances superficielles disparoissent. Le miroir de l'hymen est à peu près semblable. Douceur de caractère, bonté de cœur, qualités de l'esprit et vertus : voilà ce qui

5

peut et doit assurer notre bonheur dans le ménage,
et non pas tant une fraicheur, une délicatesse de
traits qu'un rien flétrit, altère ; que les maris oublient,
pour la plupart, peu de temps après le mariage,
comme bon père ne cesse de nous le répéter.

Crois-moi, Amynthe, que des qualités recommandables nous fassent aimer des hommes, et laissons
aux amans à faire l'éloge de notre figure, sans trop
y croire.

*Amynthe*. Oh ! toujours tu feras la prêcheuse. Que
tu es simple, mie sœur ! ne sais-tu pas que la plupart
des hommes se laissent prévenir par les formes aimables,
et que lorsqu'on n'a pas de fortune, heureuses sont
celles que la nature n'a pas disgraciées à l'égard du
physique. Je te souhaite autant de bonheur qu'à
moi, chère sœur ; mais prends y garde, vois comme
toujours les hommages des jeunes bergers s'adressent
à celles qui ont quelques prétentions ; je me sens
obligée par l'amitié fraternelle que je te porte à
t'engager à mettre un peu d'art dans ta conduite et
dans ta mise. Un peu de rafinement dans les procédés,
doit nous dédommager de ce qui pourroit nous man-
quer pour plaire aux bergers de qui dépend notre
bonheur. Ecoute :

*Amynte*. Oui de l'amour redoutons les caprices
Sans fortune, craignons que cet enfant
Qui se joue de tous nos artifices,
Ne nous joue, s'il n'étoit triomphant !
Que la palombe, farouche et trop sauvage,
De son galant, redoute l'abandon ;
Qu'il déserte, cherche dans le bocage
Qui plus aimable, et digne de son don.

*Mérine*. Oh ! que toujours prévoyante bergère,
Votre vertu, votre aimable candeur

De cet enfant craigne l'aîle légère
Et réclament hommage à la pudeur !
Que sémillante et gentille fauvette
Ne donne pas dans lacs de loiseleur :
Trop confiante, et beaucoup indiscrète
Que serviroient ses traits et sa couleur.

*Amynthe.* Que veux tu ? chère Mérine; que chacune de nous cédant à son naturel, fasse de son mieux. Ne cessons de vivre amies, de bonne intelligence, et de nous entr'aider. Il me vient une idée qu'il faut que je te communique. Il est permis à tout le monde d'entrer en lyce dans les jeux ruraux et chalumiques, mettons-nous sur les rangs. Cela paroîtra extraordinaire de voir des personnes de notre sexe ; mais cela ne nous fera que plus remarquer de nos bergers. Qu'importe, pourvu que l'on ne se moque pas de nous. Il est question dans le concours de chèvres et de vaches. Nous avons à cet égard des lumières, de l'expérience et les documens de notre père. Je traiterai des chèvres ; charge-toi des vaches. La considération que tous les bergers nous témoignent et leur galanterie pourront les éloigner du concours à cet égard, et nous laisser le champ libre. Et qui sait si un miracle de l'amour, ou de la providence ne nous favorisera pas de plus d'une manière !

*Mérine.* J'ai beaucoup de déférence pour toi, chère Amynthe, lorsqu'il n'y a rien à craindre dans les démarches et les procédés qui puisse blesser la réputation de notre sexe. Quelque étonnante et hardie que soit notre entreprise, ne pouvant déplaire au bon père Hircas, tu me vois disposée à te seconder. Non que je me flatte pourtant qu'il en puisse résulter pour nous un bien grand avantage. Mais cela ne sauroit non plus guère nous nuire, quelque malheureux qu'en soit le résultat. Je compte sur l'indulgence de tous les bergers de la contrée ; et notre sexe la réclame de tous les étrangers qui affluant aux bains de toutes parts pourront se trouver au cirque. Mais voici Verrâtre avec ses cochons, d'un côté, et Bootès avec ses bœufs de l'autre, qui viennent faire paître les troupeaux de leurs maîtres. Sachons d'eux si leurs maîtres sont du nombre des concurrens. Ne disons rien à personne de notre projet. Ménageons à nos amis cette agréable surprise.

*Amynthe.* Volontiers ; approchons-les. *Et s'adressant à tous deux.* Bon jour, Verrâtre, Bootès, où allez-vous si vite ?

*Verrâtre.* Je vais au bois donner la glandée à mes cochons et de là je descends la coline pour reconduire mon troupeau à l'étable. Mon maître, Ormille, m'a permis d'assister aux jeux ruraux.

*Bootès.* Et moi aussi, sitôt après avoir fait pâturer les bœufs de Bovinosse, mon maître, je regagne le hameau et la grange.

*Amynthe.* Savez-vous si Ormille et Bovinosse se disposent à concourir aux jeux ruraux et chalumiques.

*Bootès.* On le dit ; c'est vraisemblable : ce sont les agronomes les plus éclairés de la contrée, comme les plus riches, et qui témoignent, bergères aimables, avoir beaucoup de considération pour vous. Ha ! que vous seriez heureuses avec de gros bergers comme eux. Comme tout le hameau seroit réjoui d'un pareil bonheur : vous êtes aimées par vos aimables qualités. toutes les bergères sont forcées de dire du bien de vous deux.

*Verrâtre.* Voilà ce que c'est que d'avoir à soi de grands troupeaux, des bois, des forêts, de grands domaines ; de la fortune, toutes les bergères vous font les yeux doux. Vos hommages sont toujours accueillis ; on est toujours sûr de plaire, d'être aimé ; on a toutes les qualités du monde. Si moi avions des écus ou un grand troupeau de cochons, nous oserions vous présenter par exemple, notre affection et notre cœur avec la main.

*Amynthe.* Portez ailleurs vos vœux, vos prétentions
Et sachez bien, pauvre et simple Verrâtre
Qu'en amour sont des exclusions ;
Que mon berger est plus qu'un pâtre.

*Mérine.* Nous vous plaignons, consolez votre cœur.
Puisse pour vous quelque agreste bergère,
De votre sort adoucir la rigueur.
N'accusez pas destin à la légère.

*Verrâtre.* O bergères, filles de père Hircas
Ah ! croyez moi, ne soyez pas si fières
Plus fortuné, seroit un autre cas ;
Filant plus doux, vous seriez moins altières.
Pâtre, berger, qui avons de l'honneur
Comme les rois, à la cour de Cythère,
Bien méritons par l'hommage du cœur
De Cupidon, ou de Vénus sa mère.

*Amynthe. Mérine.* Cher Verrâtre, digne d'un sort
plus doux.
Que nous aimons ta candeur, ta franchise,
Sois plus heureux, point d'aigreur, ni courroux,
Nous bien vouloir, oui malgré cette crise.

*Verrâtre.* Ah ! pardonnez à mon cruel destin,
Pauvre Verrâtre aura pour vous bergres
Douce estime, simple amitié enfin
Qu'il n'aura point pour simples étrangères.

*Bootés.* A dieu, salut ! lys, iris du vallon
Votre horoscope est d'être très-heureuses

D'aimer la fleur des bergèrs du canton
Les épouser, aimées, glorieuses.
Retirons-nous, Verrâtre, je crois apercevoir nos bons
maîtres dans le lointain.

*Amynthe.* Grand merci aimable devin !

*Mérine.* Bonheur vous advienne céleste Bootès !

*Amynthe.* Quelle différence de caractère entre
ces deux bergers ; autant l'un est grogneur, autant
l'autre a d'amabilité et de noblesse de sentiment.

*Mérine.* Oui, mais mie sœur, remarque que l'on
participe plus ou moins des mœurs des animaux que
l'on élève

*Amynthe.* C'est bien Bovinosse et Ornille ! nous
cacherons-nous, Mérine ? ce peut-il dans l'état où nous
sommes, aussi sagouines que les cochons de Verrâtre.
Si j'avois pu prévoir ! que diront-ils de notre accou-
trement.

*Mérine.* Ce n'est pas ce qui me peine, ils nous
connoissent assez ; ils doivent bien s'attendre que les
filles d'Hircas, quoique gardant leurs propres vaches
et chèvres, doivent avoir une mise assortie à l'emploi qu'elles remplissent pour leur père, et qu'elles
ne peuvent être avec leurs habits de grande solennité.
Si Bovinosse te considère et te porte autant d'interêt
comme je crois qu'en a pour moi bon Ornille, il
te trouvera toujours assez aimable.

*Amynthe.* Je te confesse, petite prêcheuse, que
j'ai bien de regret de n'avoir pas été avertie de cette
visite, ou de ne l'avoir pas prévue, quoique j'aie
des preuves non équivoques de son tendre attachement, que veux-tu ; il est si aimable, mon berger,
que je crains toujours que quelque bergère jalouse
ne cherche à lui tendre des pièges et à me supplanter,
malgré tous les titres que je puis avoir à la préfé-

rence et toutes ses promesses et sermens d'une fidélité inviolable.

*Mérine.* Pour moi qui n'ai pas cette crainte à l'égard du vertueux Ormille, qui ai des goûts plus simples que les tiens, qui n'ai pas moins d'assurance sur la fidélité et le dévouement de mon berger, qui nous aimons plus pour les qualités morales que pour les qualités physiques, ce que nous ne cessons de nous répéter, peu m'importe quel que soit le négligé, le désordre de ma mise. Tu pourras, Amynthe, soigner aujourd'hui ta petite toilette, à toi permis. Les voilà.

*Bovinosse précédant de quelques instans Ormille.* Bon jour aimables bergères!

*Amynthe et Mérine.* Soyez le bien venu, cher Bovinosse.

*Bovinosse.* Quel bonheur de vous rencontrer si matin, intéressantes bergères.

*Amynthe.* Bon père Hircas, étant monté au bois nous a confié le soin de ses vaches et de ses chèvres.

*Bovinosse.* Que je suis heureux, adorable Amynthe, de pouvoir, comme Titon, vous offrir mes hommages de si grand matin, comme on prétend qu'il les offroit à l'Aurore, de vous exprimer, divinité de mon cœur, les nouvelles assurances de mon amour, *en lui baisant la main très-affectueusement.*

*Amynthe.* Galant, affectueux Bovinosse, il est bien difficile de se défendre d'un tendre retour; malgré l'austérité des principes et la considération des disgraces de la fortune.

*Ormille.* Salut, bon jour aimable Amynthe, intéressante Mérine !

*Amynthe.* Quel grand bon jour qui doit éclairer tant de choses.

*Mérine.* Quel heureux augure pour nous, de vous voir l'un et l'autre apparoître, comme Sylvain et Pan, dans nos bois parmi nos troupeaux. Que votre avenue nous fait de plaisir !

*Ormille.* Chère Mérine, c'est toujours avec plaisir et ravissement que je vous revois ; permettez que ma bouche exprime sur votre main les tendres sentimens que mon cœur nourrit depuis si long-temps, heureux quand rien ne s'opposera à leur effusion et au bonheur où j'aspire de vous posséder à titre d'époux le plus affectionné.

*Mérine.* Affectueux Ormille, que de titres à mon amitié ! Fasse le ciel que vos vœux s'accomplissent bientôt, pour votre bonheur et le mien ! mettez un terme, Bovinosse. Ormille, à des promesses, des espérances et des craintes qui font tout à la fois le charme et le tourment de vos amies, de vos bergères.

*Mérine.* } Ah ! quand nos cœurs unis avec notre âme
*à Ormille.* } De notre hymen célèbreront le jour ,
Puis-je bientôt voir couronner ma flamme,
Aimable objet de mon bien tendre amour !

*Amynthe* } Oh! quand ce jour, d'après votre assurance,
*à Bovinosse.* } Charmant berger, de mon bonheur jaloux,
Couronnera mes feux et ma constance ,
L'amour , l'hymen transigeant entre nous.

*Ormille.* } Amant fidèle , ô que ce jour prospère !
*Bovinosse.* } Que la gloire me ceigne d'un laurier,
Et l'on me voit aux pieds de ma bergère ;
Heureux époux, d'amour toujours guerrier.

*Mérine.* } Que bergère partage la victoire.
*Amynthe.* } Puisse le myrthe à des lauriers unis.
De vous , de moi faire à jamais la gloire ,

Toujours fleurir et jamais désunis.

*Bovinosse.* ⎫ Mie plaintive, aimable tourterelle,
*Ornille.* ⎬ Que près de vous sans cesse nuit et jour,
Point ne craignant la fortune cruelle,
Puissent nos chants roucouler notre amour.

*Merine.* ⎫ Oui, cher ami, bien plus que Philomelle
*Amynthe.* ⎬ Ivre d'amour, mes chants en longs soupirs
Vous rediront, pour chanson éternelle,
Ami, mon cœur, mon bien! ah! quels plaisirs!

*Bovinosse, Ornille.* Voici Lignicole, nous nous retirons. Au revoir, aimables bergères, en repassant.

*Hircas dit Lignicole, jetant un petit fagot de ramée en arrivant.* Oh! que je suis fatigué!

*Merine, Amynthe.* Pauvre père, voilà une chaise, reposez-vous. Voulez-vous prendre quelque chose?

*Merine.* Un verre de vin?

*Lignicole.* Donne, mon enfant. *A ses filles.* Voilà soixante ans que je travaille depuis l'aube matinale jusques à l'apparition de l'étoile du berger. Je ne me suis jamais plaint, mes filles, malgré cela, persuadé que le travail est le père de la santé et du contentement. Non, jamais je n'ai poussé la moindre plainte sur la rigueur et la dureté de mon existence. J'aurois cru, mes enfans, offenser le ciel. Mais aujourd'hui les forces commençant à m'abandonner, j'ai peine à contenir les chagrins, les soucis qui m'oppressent, lorsque je considère mon âge et le vôtre. Je sens bien vivement les privations de la fortune. Comment, avec l'éducation que je vous ai donnée, vous colloquer avantageusement, ayant si peu de moyens? Mon petit avoir suffisant à peine, avec mon travail, pour nous faire subsister, cela m'afflige, m'attriste. Faisons diversion à nos peines.

*Merine, Amynthe.* Oui, trop bon père, cela vaut

mieux. La Providence y pourvoira quelque jour.

*Mérine.* ; Répands, ô ciel ! sur mon père, et ma sœur,

*Amynthe.* Dans ta bonté , dans ta douce clémence ,

Quelques bienfaits , adoucis ta rigueur ;

Point pauvreté , mais bien un peu d'aisance.

Exauce-nous dans le sein du malheur ;

Que nous puissions d'une main libérale ,

Prospère amour , faisant notre bonheur ,

Bien signaler notre piété filiale !

*Lignicole.* Trève, mes enfans, ça me crève le cœur. Ecoutez , il y a férie au bois aujourd'hui. La célébration des jeux ruraux et chalumiques doit avoir lieu tantôt , je vous permets d'y assister, chères filles; mais à condition que vous ne quitterez pas votre père. Rappelez-vous que si nous ne sommes pas riches , nous avons de l'honneur de père en fils. Et si votre pauvre mère vivoit ; Las ! chère Amalthée ! elle vous en diroit autant.

La pauvre femme ! ça été un grand chagrin pour elle en mourant de vous laisser abandonnées à votre enfance. Elle ne me recommanda rien tant à ses derniers momens , en m'embrassant , que de vous surveiller à sa place. Jusques ici , chères filles , je n'ai pas beaucoup à me plaindre de vous ; vous avez de bons principes heureusement, je n'ai pas à craindre, si l'indulgence paternelle ne m'aveugle pas trop, que votre vertu fasse naufrage , malgré votre velléité pour des hommes au-dessus de votre fortune. Je dois à la confiance que vous devez avoir pour le plus affec-tionné des pères l'aveu candide que Bovinosse et Ormille vous recherchent. Je suis forcé de vous dire, chères filles, que je ne puis approuver des entre-vues , toujours suspectes , lorsqu'il n'y a pas assortiment et que l'on évite des rapprochemens avec les pères.

*Mérine.* Croyez bon père , qu'Ormille veut faire mon bonheur et le vôtre ; il est trop sincère, trop vertueux , trop bien né pour me tromper , et m'en imposer : croyez que malgré sa foi, ses sermens, il n'obtiendra jamais rien de moi ; pas la moindre obligeance que l'honneur de mon père, le mien, l'ombre de ma mère puissent réprouver.

*Amynthe.* Soyez assuré , bon père que malgré tous les sentimens de bienveillance que me témoigne Bovinosse et l'intérêt que peuvent inspirer ses aimables qualités, que je ne me permettrai jamais rien d'indigne de moi, de vous et de la mémoire de notre vertueuse mère. Que c'est autant pour votre bonheur que pour le mien que j'écoute ses vœux.

*Lignicole.* Quelque honnêtes et de bonne mœurs que soient ces jeunes gens, vous ne devez pas, je vous le répète, vous fier à leurs promesses de vous épouser. Ils sont trop riches et vous autres pas assez. C'est un grand point dans un siècle où tout est vénal , pour faire obstacle aux nœuds les mieux assortis. Il n'en étoit pas ainsi de mon temps. Quand on s'aimoit, on étoit toujours assez riche, parce que l'amour du travail et de la vertu marchoient toujours ensemble ; ainsi nous nous épousâmes votre mère et moi, sans avoir un sou vaillant, ni l'un , ni l'autre , et nous nous aimions bien malgré notre pauvreté. Ce n'est plus ça actuellement, heureux quand l'amour n'est pas pur libertinage. Des filles vertueuses et réservées doivent toujours redouter et fuir ses amorces.

Chères filles qui concentrez et mon affection paternelle et mon amour, las ! pour feu votre mère,

j'espère, d'après la tendresse filiale que vous avez
pour votre père, que le ciel vous bénira. Ecoutez,
voici les vœux que je forme pour vous :

Ah ! puissiez-vous aimables, chers enfans,
Favorisés par un destin prospère,
Voir ces amans fidèles et constans !
Tendres époux, remplir les vœux d'un père !
Vous caressant, toujours vous caressant,
Comme jadis, malgré notre misère,
De mon amour, heureux et jouissant,
Je caressois, las ! votre bonne mère.
Dans l'aisance, puissiez-vous quelque jour,
D'enfans gentils, d'amour ce tendre gage
Bien savourer les douceurs tour à tour,
Avec celles du plus heureux ménage.

*Mérine.* Pauvre père digne d'un autre sort,
O quand ce jour, quand la pauvre Mérine
Après l'orage, ah ! pourra voir du port
Quel changement le haut ciel lui destine !
Que ne puis-je, tendre père, aujourd'hui,
Vous bien payer des soins de mon enfance !
Jamais, dieux bons ! un si beau jour n'a lui,
Livrez mon cœur à sa reconnoissance !

*Amynthe.* Père si bon, père trop malheureux !
Que le destin ne nous soit plus contraire,
Que ne puis-je vous rendre plus heureux,
Grace à l'amour, grace à l'hymen son frère !
Quand verrois-je vos vénérables mains
Par les travaux, durcies, le grand âge,
Toujours libres du travail des humains,
Vous bien soignant, en tout, pas davantage !

*Lignicole.* Comme mon cœur est ému, attendri,
Pauvres enfans ! de vos vœux, de vos plaintes !
Si le malheur ne vous à point aigri,

Que seriez vous dans le bonheur , sans crainte!
Eprouvées par notre adversité :
Votre vertu , vos qualités aimables
Sous lois d'hymen , aux champs , à la cité
Pour vos époux seront inaltérables.

*Mérine.* Père adoré , si digne d'affection ,
*Amynthe.* Nous te devons bien plus que l'existence;
C'est dans tes bras qu'avec douce émotion
Tu nous appris à régir notre enfance.
Ah! si l'hymen vient couronner nos vœux ,
Tributaires de tes bienfaits , bon père!
Qu'on rende hommage à tes conseils heureux ,
Que tout chez nous , t'honore et te révère.

*Lignicole.* Ah! mes enfans soyez bénis des cieux ;
Tendres filles embrassez votre père ,
Moi vous aimer plus que mes yeux ,
Vous me peignez , las ! votre bonne mère !

Je suis très-content de vous , de vos sentimens ; rentrez , au plutôt , conduisez nos vaches et nos chèvres à la bergerie , et après les avoir traittes vous pourrez aller faire la petite toilette de bergère. Je sors pour quelques instans et vais au hameau voir les dispositions pour la fête.

*Mérine à Amynthe.* Quel bon père nous avons là ; qu'il doit nous tarder d'assurer le repos de sa vieillesse.

*Amynthe.* Voilà Bovinosse et Ormille de retour.
*Bovinosse , Ormille.* Permettez qu'en repassant nous ayons l'avantage de vous présenter notre salutation amicale , aimables bergères , en attendant de jouir ce soir au cirque du plaisir de votre présence.
*Mérine.* Y avez-vous au moins choisi un endroit propice , pour que tout le monde puisse voir et

être vu ; voyons. avant de vous retirer. faites nous-en la
description, si c est un effet de votre complaisance.

*Bovinosse.* Le site est beau , pittoresque , agréable,
Bien exposé , propice aux jeux ruraux ,
C'est la prairie , oui la plus favorable ,
Formant un cirque , entouré de côteaux.
Digne de Pan il présente à la vue
Une forêt d'arbres majestueux ,
Très-élevés , panachant dans la nue,
Dominée par des monts sourcilleux.
Monts entassés en vaste amphithéâtre ,
D'où l œil , par-tout , voit ruisseler les eaux ,
Illuminant ce magique théâtre
Par des reflets, brillants en longs ruisseaux.
Dans le lointain , la chaîne de montagnes ,
Du mont Atlas , offrant l'aspect aux yeux ,
Et soutenant , au loin dans les campagnes ,
Des épaules, la coupole des Cieux.
En bel aspect de ce vallon aimable ,
Favorisé par les arts et les dieux
Tant par ses bains , si recommandables ,
Que par son site agreste , si gracieux !
Quelle riche , riante perspective ,
De voir ces bains, ces prés , et ces coteaux !
Que d idées , la pensée captive
Nous rappellent ces bâtimens, ces eaux.
Combien plaisent , de ce vieux presbitère ,
Les hautes tours , le gothique clocher ,
L'airain , quand l'homme , au pieux ministère,
Nous signale la religion du rocher !
Et ce cloître , cet antique ermitage ,
Abandonné , autrefois recherché ,
Si bien assis sur ce coteau sauvage ,
Avant inculte , aujourd hui défriché !

*Ormille.* Oui de ces lieux on en voit les richesses :
Bacchus parer de tyrses les coteaux,
De ses cheveux, Cérès montrer les tresses,
Pan étaler par-tout nombreux troupeaux,
Palès fournir, d'abondans pâturages,
Sylvain montrer riches forêts et bois,
Bonne Dryade offrir a tous les âges
Ses bains qu'ici, vont proclamer ma voix.
Quels miracles sous vos douces auspices,
O Hygia, mère de la santé,
Ont opérés vos eaux dépuratrices,
Contre maints maux, vices d'impureté !
Imprégnées d'élémens salutaires
D'hydrogène, de soufre et sels divers :
Combien de maux, autrement réfractaires,
Sont subjugués, accablant l'univers !
Tout éclopés, à la douleur en proie,
Que de Crésus, d'Irus, âgés, enfans ;
En trophée, dans le temple, avec joie,
Béquilles, lits, appendent triomphans !
Exténué par quelque hémorragie
Combien de fois un sexe intéressant,
Est remonté du tombeau à la vie,
Son embonpoint, son teint refleurissant !
Trop souillées d'éruptions dégoûtantes,
Trop flétries par de pâles couleurs,
Déformées, des beautés gémissantes,
Ont retrouvé leurs attraits, leurs fraîcheurs.
Que d'affections, enfin, en médecine
Tristes écueils, où l'art vient échouer
Ont pu guérir, dans cette autre piscine,
Par l'ablution des eaux qu'il faut louer !
Rhumatismes, obstructions de tout âge,
Vices de peau, de reins, et de poumon

Que maintesfois, grâce au pélérinage ,
Avez aux bains laissé votre limon !
Voilà le lieu qui doit servir de scène à nos exercices.

*Amynthe.* Le lieu comme la description que Bovinosse et vous Ormille venez de nous donner sont,
on ne peut pas plus agréables et pittoresques.

*Mérine.* Oh ! charmans comme votre description
et vos personnes.

*Bovinosse, Ormille.* Que vous êtes aimbles et honnêtes ! nous vous laissons à notre grand regret : Mais
pour vous rejoindre, vaincus, ou triomphans.

*Amynthe.* } Allez , bergers, combattez, que l'amour
*Mérine.* } Applanisse le chemin de la gloire.
*Ormille.* } Et nous fournisse à tous dans ce beau jour
*Bovinosse.* } Plus d'un triomphe et plus d'une victoire.

*Mérine.* Retirons-nous aussi ma sœur. Nos vaches
et nos chèvres se sont assez repues, allons les traire.

# II.<sup>me</sup> ÉGLOGUE.

 Des jeux ruraux que la carrière ouverte
Nous présente, pour la cinquième fois,
De grands objets, dignes de découverte,
Vous les signale, aujourd'hui, par ma voix.
Que des forêts, des bois, la régie et culture,
Que des vaches, bœufs, des chèvres et cochons
L'éducation, les soins, la nourriture,
Fassent l'objet des jeux, des discussions !
Que dans ce jour, cher à l'agronomie,
Sylvain et Pan, Dieux des bois, des troupeaux,
Soient invoqués, avec cérémonie,
Par nos accens, le son des chalumeaux.

   Au vieux Sylvain rendons féal hommage,
Cet emblème d'un Dieu de majesté !
Par les oiseaux chanté dans le bocage,
Dans les bois, par nos aïeux fêté.
O qu'il est grand sous vos voûtes *ombreuses*
Le génie de la végétation !
Forêts sombres, forêts majestueuses,
Qui inspirez tant de vénération !

   Salut, forêts antiques, vénérables,
Dont les débris attestent la vigueur,
Que Dieu Sylvain vous rende inépuisables,
L'art votre état de gloire, de splendeur.
Restes sacrés de celle des Ardennes,
Et d'Hircinie, illustres rejetons !
Comptez toujours votre âge par centaines,
Phases du monde et ses révolutions.

Hommage à Pan ! que ce puissant génie,
Cet emblème des Rois, du créateur,
Par la houlette, et du luth l'harmonie,
Soit des troupeaux, le divin protecteur ;
Qu'il écarte du parc, de la bergerie,
Loup affamé, maux et contagion ;
Seconde tout dans la ménagerie,
Vaches, chèvres, truies sans distinction ;
Qu'il écoute ces luttes chalumiques,
Comme Sylvain ces essais forestiers,
Que leur louange en accord harmoniques
Rétentissent jusques aux monts altiers.

Les concurrens ne pouvant envisager sous tous les rapports les bois et forêts : cette considération excédant les bornes d'un simple exercice, ils doivent se borner essentiellement à ce qui a rapport à leur culture et à leur exploitation, permis de jeter en passant un regard sur les usages, dans les arts, des diverses sortes de bois, dont ils auront occasion de parler, et qu'ils pourront mentionner.

Envisagés sous un rapport d'économie politique, quels ne sont pas les avantages que présentent les bois et forêts, relativement, 1.º à l'économie rurale ; 2.º à l'économie sociale, domestique et civile ; et 3.º relativement à l'économie artistique.

Par rapport à l'économie rurale, combien sont précieux les bois et forêts : culture et exploitation peu dispendieuses ; revenu d'un grand rapport et peu grevé de charges ; végétabilité dans de mauvais terrains ; bonification, à la longue, de celui où elles végètent, fut-il mauvais, ingrat de sa nature : facilité de restaurer, par-là, les terrains épuisés par une longue végétation ; sans préjudice pour l'agriculture, pouvant les y soumettre petit à petit, par lopins de terre ; faculté de récolter diverses sortes de fruits et comestibles pour la nourriture des hommes et des animaux à l'avantage et commodité de la ferme, comme chataignes , glands ; et de pouvoir nourrir de nombreux et divers troupeaux , sauf à les en éloigner à certaines époques , et de pouvoir élever un grand nombre d'essaims , se procurer un grand nombre de ruches , dont le produit est très-lucratif (1) : tels sont tous les avantages considérés sous ce rapport, d'où résulte que les bois et forêts sont la première richesse rurale.

Par rapport à l'économie sociale particulière , de quel avantage n'est-il pas que le bois , combustible et ouvrable , soit abondant à bas prix et à portée. Et pour l'économie civile, que le bois propre aux grandes constructions , tant pour les édifices publics , que pour la marine , soit assez abondant pour n'être pas tributaire de ses voisins , et avoir la faculté de pouvoir choisir et mettre en réserve le plus convenable , et pouvoir faire des approvisionnemens. donner le temps au bois de se perfectionner par l'âge et le desséchement.

Par rapport enfin à l'économie artistique , combien n'est-il pas avantageux de pouvoir se procurer avec facilité , et à un prix modique , les diverses sortes de bois assortis aux divers usages , auxquels ils sont destinés , soit comme bois ouvrable, soit comme écorces , ou tan , racines , fruits , baies , sucs résineux , et par d'autres produits qu'employent les arts du charron , du charpentier , du menuisier , du

---

(1) Voyez mes jeux ruraux sur l'éducation et l'administration ou la fête des ruches , scène pastorale en deux églogues. 27 Février 1815.

tourneur, du teinturier, du pharmacien même. Sous le rapport de toutes ces considérations, quel objet plus important pour la société et pour l'état. Quelle mine plus riche pourroit-on exploiter ?

La régie des forêts n'ayant cessé de tout temps d'exciter la sollicitude du gouvernement : il est digne de vous, bergers-agronomes, bergers-agriculteurs, de prendre un si noble objet en considération.

Les dégradations de nos bois et forêts, leur destruction partielle, soit par les révolutions physiques ou les outrages du temps, les anomalies, les intempéries des saisons, soit par les révolutions politiques qui, dans leur marche désastreuse, dévastatrice, ravagent autant l'empire de Sylvain, que celui de Palès soit enfin par leur conversion, leur défrichement, en terres diversement cultivées, réclament aujourd'hui plus que jamais que l'on soigne ce qu'il nous en reste, sauf même à rétablir, si besoin étoit, un équilibre, un juste rapport entre l'étendue de nos forêts et nos terres labourables, selon nos besoins à divers égards. Mais la solution de ce problème exigeroit bien des données peu connues.

Ce n'est pas, au reste, la grande étendue des bois, mais leur administration bien réglée et les lumières des préposés à leur exploitation et des propriétaires, qui peuvent nous procurer la quantité de bois suffisante pour les divers usages ; et l'économie dans la consommation que le chauffage absorbe avec trop de profusion, et souvent, mal à propos, pouvant avantageusement être remplacé, dans nombre encore de petites fabriques et de manoirs, par le charbon minéral, sur-tout lorsqu'il y a pénurie, dans quelque lieu, de bois, et abondance de minéral.

Nos exercices forestiers n'eussent-ils d'autre utilité

que de répandre des lumières dans les campagnes forestières, pour ranimer la culture des bois et forêts attristées, en deuil des ravages qu'elles ont éprouvées, et faire réparer les brèches ou remplir les lacunes, en semant des glands ou d'autres graines, pour remplacer les racines qui ont péri, meurent ou languissent dégénérées, et ne pourroient donner qu'un bois de mauvaise qualité, et finalement engager les propriétaires à mieux consulter leurs intérêts mêmes, en ne plaignant pas de petits frais de culture, et en ne se pressant pas trop de jouir des revenus d'un bois qui peut, en prenant plus d'âge et de qualité, les dédommager avec usure : ces exercices n'eussent-ils d'autres résultats ; il ne peut en résulter qu'un grand avantage pour la société et l'état, dont les regards ne sauroient trop à cet égard, comme sous bien d'autres, se porter dans l'avenir.

Il sera loisible aux concurrens en traitant de l'éducation et du régime des divers animaux dont il s'agit, taureaux, bœufs, vaches, chèvres et cochons, de jeter en passant un regard sur leur histoire naturelle, de peindre à grands traits leurs mœurs pour inspirer à leur égard plus d'intérêt, et nous attacher davantage à cultiver une autre branche de richesse, d'économie rurale ou pastorale, non moins importante que celle des bois et forêts.

Que d'intérêt ne méritent pas ces divers animaux dont les uns serviteurs dociles, soumis, patiens, partagent, avec l'homme agricole, ses fatigues, ses travaux, tous plus ou moins précieux pour la société à plusieurs égards, soit comme lui fournissant par leur chair diverse un aliment plus ou moins salutaire, soit par divers produits dont les arts s'enrichissent.

C'est ainsi que la peau des bœufs tanée, corroyée, façonnée, comm ecelles des vaches, veaux, chèvres, devient notre chaussure; que leurs nerfs, leurs cartilages et rognures de peau sont convertis en colle forte et autres; qu'il n'y a pas jusques à leurs cornes, leurs os, leur fiel, qui ne soient utilisés, transformés; la corne en lanternes, boètes, peignes; leurs os, en boutons; leur fiel en savon détersif, employé par les dégraisseurs, les peintres, les petites maîtresses, les grâces citadines comme les rustiques, jalouses de l'éclat, de l'émail de leur teint.

C'est ainsi que les vaches et les chèvres, par l'abondance de leur suave lait, ruisselant par-tout dans les laiteries avec celui des brebis, devient un aliment agréable, soit comme nectar sucré, propre à nourrir, à restaurer tous les âges, soit comme aliment plus consistant, caillé, durci, devenu plus ou moins piquant, converti sous toutes sortes de fromages.

Que les cochons mêmes, outre leur chair savoureuse, nourriture ordinaire dans les campagnes, les fermes, soit fraîche, soit salée, desséchée, fournissent aux arts aussi quelques produits, leur poil, leur peau, qui sert d'enveloppe imperméable à l'eau dans certains coffres, etc.

Cultivateurs, bergers, agronomes
Contribuez au bonheur social,
Distinguez-vous du vulgaire des hommes,
Soyez l'honneur de l'état pastoral.
Par vos efforts, sous un sage monarque,
Montrez grande, noble émulation.
Que vos luttes, dignes de remarque,
Soient, au cirque, sujet d'admiration!
Vive Sylvain! vive Pan!

*Laforest.* Rendons, ma flute, un solemnel hommage
Au dieu des bois, à l'antique Sylvain,
Que le dieu Pan, son ami, frère d'âge,
Y prenne part; n'en jouons pas en vain!
De votre gloire et le prôneur et chantre
Que ne puis-je par des sons ravissans,
Bien la transmettre ici jusqu'en chaque antre
Faire chérir, bois, troupeaux, dieux puissans!

Inspirez-moi dans cette circonstance,
Grand génie de la végétation,
Sans tes esprits, ta bénigne influence
Tous mes efforts seroient nuls, sans action.!
Je vais parler, ô Dieu! sous tes auspices,
De ta gloire, de tes bienfaits nombreux;
De la culture et régie propices
Aux bois, forêts, si chers et si précieux.
O bois, mine plus riche, plus féconde
Et que celle du charbon minéral
Et que celles du Pérou, de Golconde,
Quelle source du charbon végétal!
Pour tous les arts quels trésors des richesses!
Ils vous mettent tous à contribution,
Le dieu Sylvain, ainsi par ses largesses
De tous réclame honneur, vénération.
Pépinière de plantes très-précieuses,
Grand théâtre des herborisations,
Que de charmes, d'heures délicieuses,
Des amateurs trouvent dans leurs stations!
Gîte, berceau des animaux sauvages
Et du Gibier, refuge, habitation,
Que le chasseur trouve au bois d'avantages,
De la chasse comme lui plaît l'action!
Bois fertiles sans beaucoup de culture,
Où se plaisent animaux, hommes, dieux;

Offrant à tous quelque aliment , pâture
Soyez bénis de la terre et des cieux !

Dans l'origine , et même encore aujourd'hui dans des lieux peu fréquentés et propices , les bois ou forêts sont semés , végètent , croissent encore par les soins seuls de la nature. La dissémination des germes a lieu par les vents , les oiseaux et les animaux , et leur développement par les forces vitales de cette même nature , excitées par une température et un degré d'humidité convenables. Mais cela ne peut être d'une part que le grand œuvre du temps plus ou moins long, à la faveur duquel elle triomphe de tous les accidens, qui doivent sans cesse déranger son travail ; et le résultat d'autre part de l'opportunité des circonstances topographiques , qui peuvent favoriser son action créatrice , fécondante et végétale.

Mais, dans l'état actuel des choses, pour obtenir des bois, à volonté et dans toute sorte de lieux, il faut avoir recours aux moyens que nous fournit l'art ; et si nous voulons leur donner naissance et les faire prospérer, il faut observer divers préceptes que voici.

Le premier travail à cet égard est de leur disposer un terrain convenable et plus ou moins approprié à la constitution des arbres dont on veut les peupler. Les arbres forestiers, d'une constitution plus forte , plus vigoureuse que les arbres des vergers domestiqués, en quelque sorte à l'instar des animaux , s'endurcissent aux inclémences des météores , et vivent plus ou moins bien dans une terre ingrate, inculte et d'une quantité ou nature plus ou moins mauvaise.

Ainsi le chêne blanc le *quercus robur*, le *quercus ilex* ou le chêne vert prospèrent très-bien dans les contrées méridionales, ne répugnent pas de végéter dans des terres pierreuses et sèches; mais le chêne blanc se fait mieux dans de bons fonds, ses racines très-pivotantes pouvant s'enfoncer davantage, lui permettant d'acquérir une taille colossale, tandis que le chêne vert, qui prend racine à travers les fentes des rochers, pourvu qu'il trouve quelques pieds de terre commune, comme cela a lieu souvent le long des côtes de la méditerranée, se fait assez bien dans des terres graveleuses, les sables, les terrains secs et légers; le chataigner croit très-bien dans des sablo-neuses et redoute les terres dures, marécageuses; le noyer réussit par tout, même dans des terres crayeuses, un peu d'humidité lui est favorable. Le frêne rejette de végéter dans les terres dures, froides argileuses, crayeuses et prospère promptement dans une terre légère peu profonde en plaine; le hêtre, le charme réussissent parfaitement bien dans des terres dures, sur les montagnes; l'ormeau n'exige qu'une terre meuble bien divisée; le cormier se plait dans les terres froides, mais substancielles et le cornouiller vient par-tout, même à l'ombre; le coudrier vient sans peine dans un terrain léger et sabloneux; les sapins naissent dans toute sorte de terrains, dans la craie, le sable pur; le bouleau se plait dans les montagnes, mais s'accommode plus ou moins de toute sorte d'exposition; le pin végète bien dans les terres légères, même dans le sable, le long de la mer; sur les dunes arrides; le tilleul, le gleditcia, le prunelier ne répugnent point de végéter dans les terrains maigres et secs, quoique l'acacia végète bien dans du sable gras; le buis sauvage prend par-tout ; c'est le chiendent des bois, et sur-tout le genêt.

Le terrain choisi, qu'un fossé profond de circonvallation, dont on jette en dedans la terre enlevée, ou une épaisse haie, bien défendue, l'entoure et en interdise l'accès aux divers animaux, lorsque les circonstances l'exigeront.

Que deux labours en temps opportun, si le terrain le permet, en préparent la terre, si l'on veut favoriser la végétation des grains ou des semences que l'on va lui confier, sur-tout dans les pays méridionnaux, à raison de la sécheresse et dureté du terrain ; que la pioche y supplée dans les lieux qui ne peuvent admettre le soc, comme dans les garrigues ou les pays hérissés de rocs.

Pour former votre bois, ou employez de jeunes plants, si vous êtes pressés de jouir, mais c'est plus dispendieux et le bois qui en résulte est inférieur en qualité ; ou employez des graines, des semences c'est préférable, peu coûteux, et il en résulte un bois plus dur, plus parfait. La quantité de jeunes plants, qui doivent être bien enracinés et plantés sans retarder au delà de 24 heures, ainsi que la quantité de semences, varient selon la qualité des plants, des graines, du terrain, l'exposition, ou que l'on veut en faire un taillis ou une futaie. Si l'on emploie les feines du hêtre et les graines de l'orme, que la terre soit bien divisée, les germes de ces semences, très-délicats, n'ont pas à beaucoup près autant de vigueur que ceux du gland, qu'il suffit de jeter en terre. Pour assurer le succès des semences on peut les faire germer dans le sable, les ébarber ensuite de leur chevelu ; elles prospèrent davantage ainsi disposées te pivoteront moins et se tiendront plus horisontalement , ce qui est préférable pour un mauvais fonds.

Que les plants ou semences soient déposés dans des sillons espacés de cinq à six pieds , pour les taillis , et de plusieurs toises pour les futaies ; rapprochant d'abord assez les jeunes plants ou semences dans les taillis , pour que les tiges s'élèvent davantage , comme cela a lieu dans les pépinières ; les arbres étant comme à l'envi jaloux des regards du père de la lumière , tant ses influences éthérées leur sont salutaires ; mais espaçant de six pieds les jeunes plants pour les futaies : ou qu'ils soient déposés dans des creux faits à la pioche , en observant les mêmes distances entr'eux , ce qui doit être pratiqué dans les endroits où le soc ne peut sillonner le terrain.

Ces deux méthodes de semer sont à préférer pour les terrains secs et maigres des contrées méridionnales du Languedoc , à celle de Buffon , consistant à déposer sous l'herbe , la mousse ou quelque pierre les glands ou semences , et à les abandonner sous leurs auspices : ce qui peut suffire dans un pays humide , comme la Bourgogne , mais non pas dans les pays où le terrain sec et sans humidité ne leur permettroit pas de germer ; circonstance qui la fait recourir alors pour le semis à la méthode des creux.

Que l'on évite de faire des semis dans des terres fortes et sur-tout argileuses, dans les contrées méridionales , où soufflent des vents , capables de durcir et de dessécher le terrain vers la saison des équinoxes. Les jeunes embryons périroient desséchés dans les langes , ou ne présenteroient qu'une enfance rabougrie , et de nombreuses clairières signaleroient à l'œil attristé la ruine d'une foule d'avortons,

Que l'époque du semis , soit relative aux circonstances du terrain, de la saison, de la constitution des lieux. Relativement au gland, quoique le moment de sa chute de l'arbre paroisse l'époque que la nature adopte elle même, il vaut mieux préférer pour plus de sûreté la fin d'Octobre dans les contrées méridionales, pour les terrains pierreux, selon les observations de M. Barthez de Marmorières, dans son traité sur la culture du chêne, pour les provinces méridionales; à raison de la douce température qui règne encore, jointe à l'humidité qui se fait déjà sentir, propices au développement du germe; et la fin de l'hiver pour les contrées humides, à raison de la trop grande humidité et de l'adoucissement de la température.

Que les jeunes pousses produites par les semences ou sortant des tiges, après les coupes des bois, soient éclaircies, afin qu'elles ne se nuisent pas réciproquement soit en se suffocant, soit en s'affamant. Que les mauvaises herbes qui pourroient les étouffer ou leur enlever les sucs nourriciers soient sarclées chaque année, pendant leur tendre enfance. Que l'on en écarte la dent meurtrière des troupeaux et animaux qui pourroient leur nuire pendant quelques années, et jusques à ce qu'elles soient assez hautes pour n'être pas à leur portée; ce qui est plus essentiel de nos jours que du temps de Charlemagne dont les ordonnances permettoient en tout temps l'accès des troupeaux dans les bois, sans doute pour en diminuer le nombre trop grand dans ce temps, mais trop petit aujourd'hui.

Rien n'empêche pour profiter le terrain que l'on ne sème l'intervalle des sillons de foin ou de quelque graminée. Il est important que chaque année leur intervalle reçoive deux labours, un au commencement ou au milieu du printemps, et l'autre dans le mois d'Août, dès les premières pluies ; et que l'on pioche la terre du pied de l'arbre ; et si l'on est à portée qu'on les arrose dans le temps de la sécheresse pour qu'ils prospèrent mieux.

Réclamant nos soins dans leur adolescence, épuisés d'un luxe de rameaux ; que le chêne vert sur-tout en soit dépouillé ; que la serpète du bucheron se promène au tour de sa tête, et les abatte : l'arbre multipliera à proportion de la perte des rameaux ; l'excédent de la sève, fournie par les racines, réagira sur elles et les multipliera en proportion selon l'observation intéressante de Buffon, et l'arbuste en aquerra bientôt une nouvelle vigueur, prendra plus d'essor ; sa taille en sera exhaussée, et il pourra, s'il est destiné à être membre d'une futaie, s'élever majestueusement et déployer des bras vigoureux, qui pourront rendre divers services aux arts et à la mécanique.

Ainsi dès qu'ils seront susceptibles d'être élagués, que la taille de temps en temps, au moins pour les arbres forestiers des hautes futaies, ne leur laisse que quatre ou cinq branches maîtresses ; que successivement elle fasse main-basse sur les branches basses, afin que l'arbre s'élève de plus en plus, mais qu'elle conserve de préférence les branches courbes pour les besoins des arts ou de la marine, que l'on en favorise même la courbure, en laissant leurs extrémités chargées de rameaux ; que l'on ne laisse que quelques branches droites pour le besoin des arts, que les unes et les autres laissées en réserve ne payent leur tribut que lorsque l'emploi s'en présentera, et que l'on s'apercevra que le bois, au lieu de gagner, commence à perdre de sa qualité ; qu'alors la hâche du bucheron les abatte, ainsi que le tronc, destinés, après avoir fait nos délices par la fraîcheur de leur ombrage, sous les feux embrasés de la canicule, à faire le charme d'une sensation délicieuse dans la saison des frimas, par les parties, qui ne peuvent servir à de plus importans usages ; le bois alors ne pourroit que perdre par une végétation surannée d'après l'observation de Réaumur, le desséchement, l'oblitération des vaisseaux, l'engorgement des utricules ne pouvant que fournir une sève mal élaborée et par suite bientôt un bois défectueux,

Que les époques des coupes varient selon la nature des arbres, du terrain, le climat, l'état où ils se trouvent ; qu'elles soient faites en temps opportun. Les bois taillis ne fournissent de bon bois, propre à brûler, qu'après 20 ou 24 ans ; les coupes qu'ils donnent avant cet âge ne fournissent guère que des fagots. Que les coupes ensuite soient renouvelées de dix en dix, ou de douze en douze ans, plus ou moins, selon la qualité du bois.

Que les coupes des hautes futaies n'aient lieu, sans égard aux anciens règlemens forestiers, ni règles que lorsque le desséchement des rameaux supérieurs, et non celui des grandes branches, qui souvent le précède long-temps à l'avance, en donnera le signal au bucheron, sauf à tenir compte des accidens qui auroient pu en être cause et de la caducité : sans avoir égard non plus aux observations trop locales de Buffon, qui fixe la coupe des futaies, relativement à la profondeur du terrain, par rapport au chêne, par exemple, à 50 ans dans un terrain de 2 pieds et demi ; à 70 ans dans un terrain de 3 pieds et demi ; et à 100 ans dans un terrain de 4 pieds et demi ; et pour les terres sablonneuses à 40, 60, 80, ans. A 27 ou 30 ans les arbres sont de futaie, et à 60 ans de haute futaie.

Que dans toutes les coupes, soit des taillis ou des futaies il soit laissé un certain nombre de baliveaux, pour laisser au bois sa forme et les divers traits de son âge, dont le nombre ne sauroit trop être fixé : on en laissoit anciennement 16 par arpent pour les taillis, et 10 pour les futaies ; qu'on laissoit exister les premiers jusqu'à 40 ans et les derniers jusqu'à 160.

Que par trop de cupidité et d'empressement à jouir des revenus d'un bois, ou n'aille pas témérairement trop rapprocher les coupes ; cette richesse finiroit bientôt par appauvrir et le bois et le propriétaire.

Les coupes faites en temps opportun rajeunissent les bois ; quoique en suspendant le travail de la végétation elles nuisent aux racines ; mais ce n'est que pour un temps et jusques à ce que les nouveaux rejetons, se couvrant de feuilles, le mouvemement de la sève soit ranimé, accéléré et qu'il favorise le développement de l'individu ; les feuilles par leur force aspirante produisant cet effet.

Que l'on observe dans la formation des bois de ne pas rapprocher entr'eux des arbres, dont les racines analogues établissent une sorte d'antipathie entr'eux, se disputant les sucs nourriciers, également à leur portée, comme le chêne et le sapin ; mais que l'on rapproche au contraire ceux qui, puisant leur alimens dans des couches différentes, aiment à végéter à côté les unes des autres.

Que les soins que réclament les taillis comme les futaies ne se bornent pas à ceux que leur formation exige, mais encore à leur restauration, amélioration qui font une loi de remplir les vides et les lacunes.

Qu'on remplace ceux dont la végétation languit, dans
le premier cas par le semis des graines d'arbre analogues, et dans le second par des graines d'arbres
d'une autre espèce; la terre étant comme épuisée
dans certaines couches ayant fourni pendant un
laps de temps, plus ou moins long, à la subsistance
d'un même individu : ce qui doit à la longue
faire convertir les bois en terres labourables ;
comme l'a judicieusement observé notre président
De Hauteterre.

Adieu Sylvain ! ton domaine est immense,
Assez et trop je me suis étendu ;
Sur sa régie et sa culture en France,
Quoique Ormille, moi, je n'aie entendu.
Que désormais nous devenant plus chères,
Elles captivent nos soins, notre attention.
Préserve bien, leurs coupes des enchères !
Ecartes-en maux, toute violation !
Adieu Faunes, et Naïades aimables,
Du Dieu Sylvain le cortége et la cour,
Que n'êtes-vous plus que de pures fables,
N'occupez-vous des arbres le séjour !
Par vos ombres, bien que très-mensongères,
Nos beaux arbres devenus plus précieux,
Vieillissoient fort, respectés de nos pères,
Qui les voyoient protégés par les cieux.

*Ormille.* Bien plus ancien que calendes et ides,
Que ton culte, jadis offert au gui
Si vénéré des gaulois, des Druides,
Soit retracé, Dieu Sylvain, aujourd'hui,
Quand au printemps, dit la mythologie,
Le mouvement de la sève excité,
Reparoissoit ; avec cérémonie
On invoquoit Sylva ressuscité,

L'homme, habitant les forêts de ses pères,
Devant chaque arbre incliné sagement,
Lui adressoit ses ferventes prières,
Criant Sylva, Sylva à tout moment !
Du grand Sylva temples vivans, augustes,
Du Dieu peignant l'obscure vérité,
Arbres divins, gigantesques, robustes,
Votre écorce voiloit la majesté.
Que, tout mortel, sans exception du sage,
Et par respect, oui, pour l'antiquité,
Dans nos forêts vienne te rendre hommage,
Reconnoissant, Sylvain, ta déité.
Qu'au bois, par-tout, retentisse ta gloire !
Que la serpète et cognée en honneur,
De nos forêts jusqu'à la forêt noire,
Te proclament, des bois le protecteur !
Salut, respect, forêts majestueuses !
Qu'avec orgueil flottent pompeusement,
Au haut des airs, vos têtes fastueuses
Cramponnées au globe fixement !
De Jupiter vous affrontez la foudre,
Et vous bravez Eole et ouragans ;
Le temps même craint de vous mettre **en poudre** ;
Respectez-les, bucherons arrogans !
Décoration, jardin de la nature,
Que votre ombrage est bien frais, délicieux !
Que vous êtes bien dignes de culture !
Comme on y sent la majesté des Dieux !
De nos troupeaux le grenier d'abondance,
Moutons et bœufs en aiment le séjour,
Pan et Sylvain d'accord, d'intelligence,
Vous admettent, certain temps, tour à tour.
Que votre sein renferme de richesse !
Flore et Diane au bois tiennent leur cour ;

De leurs plaisirs on y goûte l'ivresse.
Saluons-les, passant dans ce séjour.
Salut, classes et familles de plantes !
Que j'aperçois avec délectation ;
Lichen sur-tout, plantes intéressantes,
Que Flore au bois sème avec profusion.
Salut à vous, hôtes des bois sans nombre !
Depuis le cerf, le féroce sanglier,
Qui recherchent des forts retranchés, l'ombre,
Jusques au lièvre, aux perdrix, au gibier !
Que Dieu Sylvain vous couvre, vous abrite,
Vous permette de croître, propager,
En vous prêtant asile sûr et gîte ;
Mais n'allez pas au moins l'endommager !

Magnifique futaie, dont l'existence plus que séculaire inspire tant d'intérêt, de vénération, qui inspirez la pensée et le génie, qui exaltez l'imagination des enfans du pinde et de l'harmonie, par les grands tableaux, les scènes historiques et morales, que vous présentez au souvenir, par les fictions les prestiges dont vous avez été l'objet, plus précieuses, plus riches, que toutes les mines des métaux qui végètent sous vos racines et bien plus inépuisables qu'elles ; colossales productions qui voyez ramper à vos pieds tout le peuple végétal, des arbustes, arbrisseaux et des plantes ; que n'aurois-je pas à dire de vous encore, après avoir sur mon luth proclamé la gloire de votre génie protecteur, chanté ses louanges, décrit, fait connoître son ancien culte et engagé au bois les mortels à lui rendre hommage.

Je dois m'occuper des individus intéressans qui méritent d'être admis parmi les membres qui doivent vous occuper en signalant les propriétés de leur bois, les principales affections dont vous êtes susceptibles, et l'influence des constitutions des saisons à votre égard.

Il seroit inutile d'après tout ce qui a été dit par De Hauteterre et La Forestière, mon honorable concurrent de revenir sur la culture et la régie des bois et forêts, de faire mention des observations et documens qui les concernent, énoncés et décrits avec tant de clarté et de précision tout à la fois. Il vaut mieux que je me circonscrive aux objets précités.

Colosses de la végétation, paroissez chacun à votre tour! que je signale vos qualités succintement!

Le chêne blanc le *quercus robur* se présente en tête et fait valoir, outre sa taille colossale, son existence séculaire de plusieurs siècles, la dureté, l'incorruptibilité de son bois, son imperméabilité à l'eau et la prodigieuse glandée qu'il produit, aliment recherché de divers animaux et surtout de l'agent porcine. Son bois est infiniment précieux, outre l'excellent combustible qu'il fournit, pour la marine et par son écorce réduite en tan pour la préparation des peaux et les couches de jardin, conservatrices des plantes ou fleurs délicates. Aucun arbre ne sauroit t'être comparé par la vigueur et la taille. Ta tête altière, à la force de l'âge, bravant la foudre, peut aspirer l'humidité des nues à cent pieds sur terre, et du chevelu de tes profondes racines pomper au loin les vapeurs qui s'exalent des eaux souterraines; ta corpulence peut embrasser de son ombre 2 ou 3oo pieds; ta vitalité exubérante fournit l'aliment à grand nombre de plantes parasites, des mousses, champignons, lichens et gui, et à divers peuples d'insectes, dont tu es la patrie ou l'asile hospitalier.

Parmi le grand nombre d'espèces ou variétés qui se porte à plus de 4o, on distingue le chêne vert *quercus ilex*, non moins précieux, mais moins susceptible d'atteindre aux dimensions du premier; son bois est préférable et a bien plus de dureté et d'inaltérabilité encore. Il convient davantage pour les taillis, il fournit un combustible bien plus précieux aussi.

On doit distinguer une petite espèce de chêne vert, remarquable par le kermès qu'il fournit, espèce de gallinsecte. fournissant la graine d'écarlate, qui n'est que le cadavre dénaturé de la femelle d'un insecte recélant des millions d'œufs; lequel sous ce rapport mérite une place au moins dans les taillis.

Il est un autre espèce de chêne très-intéressante à raison de son écorce, qui fournit le liége dont on fait les bouchons, qui végète dans les pays chauds, se fait bien en Espagne et en Italie.

Le noyer veut être distingué et réclame une place dans les futaies, à raison de l'excellence de son bois et de l'utilité de son fruit, fournissant une huile précieuse à divers usages; son bois jouit d'une grande dureté et est un des plus employés pour les meubles, la monture des armes et par son brou, etc.; mais sa transpiration résineuse viciant l'air, nuisible aux végétaux comme aux animaux, exige qu'on l'espace beaucoup.

Le châtaignier, non moins précieux par son bois que par son fruit, la principale nourriture des monticoles des cevénes et du limousin, est digne de former à lui seul, comme le chêne, des futaies. Son bois est le plus inaltérable après celui du chêne, et il est employé pour la charpente, la menuiserie, la sculpture, et pour la tonnellerie.

Le plane, fier de son docte ombrage, de l'honneur d'avoir ombragé le banquet des sages de la grèce, par son élégant feuillage, réclame une place aussi, sur-tout par son bois dense, robuste.

L'ormeau dont on distingue plusieurs espèces par

la forme des feuilles, la nature du bois : l'orme franc proprement dit, susceptible d'acquérir un diamètre très-considérable, d'une douzaine de pieds, d'ombrager seul une place, rassemblant toute la population d'un hameau, que réjouit si souvent le son du tambourin du haut-bois, rival enfin du chêne, mérite une place honorable dans les futaies. Son bois est propre à faire des pompes, des aqueducs, des moulins, diverses parties de vaisseaux, et est un des plus estimés pour le charronnage, il craint d'être suffoqué trop rapproché.

Les pins, les sapins et les melèzes, ressemblans par leurs feuilles linéaires, que l'on peut distinguer les uns des autres, en ce que les feuilles du pin, sortent deux à deux ou trois à trois, tout au plus, d'une même gaîne, tandis que celles du sapin sont isolées, portées sur un pédicule, dépourvues de gaîne ; et celles du melèze sortent par bouquet, au nombre de plus de six d'un petit mamelon, également dépourvues de gaîne. Ces trois superbes arbres résineux des plus hautes futaies, ainsi que le bouleau, réclament la place honorable qui leur est due, par les divers services qu'ils rendent à la société, après le chêne et le chataignier :

Le pin par la résine qu'il fournit, des l'âge de 29 à 30 ans, et le goudron que l'on retire des menues branches de sa dépouille, et par les planches qu'il fournit pour les bâtimens de mer, les pompes, lorsqu'il est parvenu à un certain âge ;

Les sapins proprement dits, et les épicéa autres espèces de sapins, mais bien plus robustes, couverts de neige, quelquefois six mois de l'année dans le nord, où ils sont très-communs, distingués entr'eux par les cônes droits chez les premiers, et renversés chez les derniers, sont également précieux ; les sapins par l'huile de térébenthine qu'ils fournissent et leurs bois pour la charpente, les planches et les fabriques des vaisseaux et comme combustible, donnant un bon charbon ; les épicéa par leurs résines aussi, dont on retire, en la fondant, la poix noire, et par leur bois, servant spécialement à faire des mats de vaisseaux et à fournir des planches, quoique d'une qualité inférieure à celles des vrais sapins.

Le bouleau qui se plait sur nos alpes comme sur toutes les hautes montagnes, si recherché du berger ou bucheron altérés, par la liqueur acide, agréable qu'il leur fournit par incision, se rend recommandable par son écorce résineuse, incorruptible, servant à faire des canots, des pyrogues dans quelques isles, fournissant au monticole par son bois des torches pour l'éclairer et des sabots pour chaussure, outre les cerceaux des tonneaux, les corbeilles, les paniers que l'on fait de son jeune bois, lorsqu'on le tient en taillis.

L'érable à feuilles de platane, ainsi que celui à feuilles de frêne, et l'érable blanc de montagne, ou le sycomore, qui résiste aux vents et aux tempêtes, méritent l'admission dans les futaies, étant d'une constitution robuste, réunissant l'utilité à l'agrément ; le dernier cher à Pan, étant employé par les luthiers ; ils ne craignent pas d'ailleurs les terrains les plus secs.

Les cytises, dont il existe plusieurs espèces, le grand cytise des alpes, dit faux ébénier. orgueilleux de ses belles grapes de fleurs dorées, dignes des éloges de Columelle, dont les poules, les chèvres et divers animaux sont si friands, favorables pour augmenter la secrétion du lait, dont le bois est vert extérieurement et d'un beau noir au centre, et très-propre par sa souplesse à faire des brancards, outre les manches noirs de couteaux qu'il fournit, est bien digne de figurer dans les hautes futaies.

Le maronnier, superbe par ses panaches de fleurs argentées et dorées, dont le fruit plait aux vaches, mérite par sa belle stature de représenter dans les futaies : son bois trouvant d'ailleurs divers usages, et se faisant très bien dans les terrains maigres, légers.

Le mûrier, si précieux par sa feuille, nourriture des vers à soie, et qui sert de fourrage à bien d'autres animaux, outre son bois, utile dans plusieurs arts, et sur-tout pour les tonneliers à lui-seul même feroit des futaies précieuses. Il s'accommode de toute sorte de terrains d'ailleurs.

L'aune, les diverses espèces de peupliers, le blanc dont on fait des sabots, des talons ; le tremble à feuilles vacillantes : celui de la Caroline, à arêtes saillantes ; celui d'Italie, à forme pyramidale, à feuilles aromatiques ; le saule commun, sans parler du saule nain, nommé osier, tous arbres qui aiment les lieux humides, dont les bois servent à divers usages, peuvent trouver place, selon les localités, comme le bord des rivières.

Et toi, robuste cormier ou cochêne, que la prééminence de la dureté de ton bois et de ton poli, fait rechercher à l'envi par tous les artistes, charrons, charpentiers, menuisiers, armuriers, ébénistes, tourneurs graveurs, et propre pour les moulins, les presses et toutes les machines exposées au frottement, combien ne mérites-tu pas de figurer dans les futaies, quelque lente que soit ta crue.

Harmonieux alisier, le Dieu inventeur de la flûte, quoique tu sois doué du privilége de croître bien à l'ombre, te décerne une place honorable dans les clairières des forêts, où tu figures très-bien, pouvant déployer ton rameux branchage plus ou moins couvert de baies sucrées, si recherchées par les jeunes pasteurs, ou les petits enfans de Palès. La dureté de ton bois, entr'autres usages, te rend propre à servir pour les fifres, les hautbois et les flûtes.

Que le faux acacia, par le parfum de ses fleurs, et l'avantage de favoriser la végétation de tout ce qui croît sous sa pénombre, et que son bois d'un jaune marbré, précieux pour les ouvrages du tour, et point sujet à être attaqué par les insectes, par ses feuilles mêmes procurant aux vaches un lait très-abondant et suave, et par les haies impénétrables qu'il fournit, occupe dans les futaies, une place honorable, ainsi que le gletditcia, qui jouit de beaucoup de ses qualités, dont le bois est même plus dur et les rameaux plus armés.

Que le tilleul, précieux par son écorce pour des cordes de puits et d'autres cordages, y trouve place, réussissant d'ailleurs par-tout, et dans le sable, et dans les terres grasses.

Que le frêne, employé par sa dureté pour des charrues, des essieux, des perches, des échalas, des manches d'outils, aimant d'ailleurs les terres légères, peu profondes, soit reçu au nombre des membres des futaies.

Que le cornier recommandable par son fruit, lorsqu'il est mûr, et par la dureté de son bois qui se plaît par-tout même à l'ombre des autres arbres, n'en soit pas exclus.

Que le hêtre, si précieux par l'huile que fournissent ses feines, après une lente fermentation, et par son bois, si agréable dans nos foyers, croissant sans répugnance sur les montagnes, dans les plus mauvais terrains, dans le crayon, comme dans les terres dures

Une foule d'autres arbres ou arbrisseaux réclament une petite place au moins dans les bois taillis.

Le fusain ou bonnet de prêtre, à bois jaune, dur et facile à fendre, servant à faire des fuseaux, d'où lui vient son nom, et des lardoires, donnant un charbon tendre propre aux dessinateurs.

L'alaterne, arbrisseau dont le bois, ressemblant à celui du chêne vert, sert aux ébénistes à de très-jolis ouvrages, et le filaria qui n'en diffère que par l'opposition des fioles.

Le nerprun ou bourg-épine, dont le fruit, selon son degré de maturité, donne différentes teintures, fournit d'abord une couleur jaune, puis le vert de vessie des peintres et des teinturiers, et enfin une couleur écarlate propre à teindre les cuirs et à enluminer les cartes de jeu, et dont une petite espèce fournit la graine d'Avignon.

Le sumac, dont le bois sert à la teinture, et le tan pour apprêter les peaux de chèvre et de maroquin.

L'arbousier, si resplendissant de la pourpre de son fruit, semblable à une grosse fraise, donnant un charbon très-bon avec son bois blanc.

Le coudrier, d'un bon rapport en taillis, donnant dès la première coupe, des fagots, des cerceaux, des échalas, des perches pour les houblonnières, végétant d'ailleurs bien dans un terrain léger sablonneux.

L'érable commun de Montpellier, à petites feuilles, remplaçant très bien la charmille;

Le charme, la charmille et l'Ormille qui lui est préférable.

Le prunelier ou prunier sauvage, ainsi que le

le poirier et pomier , qui , à lui-seul , forme des bois dans la Normandie , dont le fruit acerbe , quant au poirier, fournit le cidre , du vinaigre et des esprits ardens , dont le bois sur-tout très-pesant . d'un grain très-fin , et susceptible d'un beau poli , d'une belle couleur , jouant l'acajou , susceptible de prendre la couleur noire , ce qui le rend précieux pour le menuisier , le tourneur et l'ébéniste ; le bois de pomier , moins dur et d'une qualité inférieure , étant plus employé des charpentiers et des menuisiers est recherché seulement des tourneurs.

Le houx , dont les branches flexibles fournissent des houssines pour battre les habits , et des manches de fouet, non indifférent par son bois pesant, très-bon pour les ouvrages de charpenterie , quoique son bois puant l'éloigne comme combustible.

Le genévrier , dont les baies sont recherchées de plusieurs oiseaux, et fournissent , infusées avec l'absynthe , une boisson saine nommée g nevrette , ou la boisson des pauvres , mérite d'y être admis ; nous rappelant d'ailleurs les goûts simples et bienfaisans d'un fils du grand Henri IV.

Le genêt , qui croît facilement par-tout, n'y est pas indifférent ; celui d'Espagne sur-tout à fleurs jaunes, ne fût-ce que par ses sommités , utiles aux troupeaux malades.

Le buis que l'on peut regarder comme le chien-dent des bois , propre à faire des cuilliers , des boëtes , des boules , des peignes même.

Que les cyprès aussi dans les pays chauds à raison de leur bois résineux, repoussant les punaises, les insectes, très-peu susceptible d'être vermoulu y occupent une place , ainsi que le tuya ou arbre de vie et l'if si monstrueux , si les localités le permettent.

Approchez, enfin, aimables arbrisseaux, de la même famille, nettier, aléminier, amélanchier, aubepin, buisson ardent ; décoration des bois, comme vous l'êtes des jardins, par les pompoms rouges de pourpre dont resplendit votre tête dans la saison. Les robustes enfans des bois, le chêne, le châtagnier se plaisent assez à vivre dans votre voisinage, en végètent mieux par le privilége, que le dieu Sylvain vous a accordé d'étouffer et de faire périr les plantes parasites.

Tels sont en général les arbres et arbrisseaux, qui peuvent peupler les bois et les forêts.

Pour suppléer aux futaies que nos grandes routes, nos voies publiques nous montrent partout de grands arbres voyers, il en résultera un double avantage, et d'économiser un terrain qu'occupera l'agriculture et d'embellir les chemins, les avenues; le voisinage, l'humidité des fossés, leur assurent plus ou moins de succès ; utiles aux piétons, par leurs ombrages, plusieurs pourroient aussi par leur fruit, leur offrir souvent de quoi étancher une soif pressante ou appaiser un sentiment de faim incommode et retrouver leurs forces.

Que selon la nature du terrain et du climat et toutes les cirsconstances topographiques, on choisisse parmi les arbres ceux que l'observation a déjà prouvé pouvoir prospérer, soit pour futaies, soit pour taillis, soit pour les voies publiques, que l'on fasse de nouveaux essais relativement à ceux mêmes qui peuvent avoir été réjetés ; les arbres souvent finissent comme les animaux par s'acclimatter ; les observations d'ailleurs peuvent souvent n'avoir pas été bien faites, ou leur constitution se modifier à la longue. Comme êtres animés, ils sont sensibles à l'action de tous les météores et susceptibles comme les animaux, de diverses affections.

Oui les végétaux comme les animaux varient par leur constitution humorale; ils sont, comme ces derniers, soumis à des diathèses morbifiques, des constitutions médicales plus ou moins meurtrières, résultat des constitutions des saisons mal réglées, intempériques ou anomaliques.

Leur constitution qui est, radicalement ou lymphatique ou séveuse ou résineuse plus ou moins, selon la nature de chaque individu et les différentes phases de l'existence végétale, qui fait plus ou moins dominer l'une ou l'autre de ces humeurs, les expose à des diathèses capables de les produire, qui ne sont que la prédominance, la dégénération morbifiques de l humeur caractéristique de leur tempérament, et par suite à des affections diverses des affections ou lymphatiques ou résineuses, putrides, vermineuses, des caries, des ulcères.

Le règne violant et trop prolongé du vent, la température excessive ou trop longue du froid. du chaud, les vicissitudes trop brusques, trop tranchantes du temps les engendrent ordinairement et font perdre aux saisons leur caractère naturel, toujours favorable à la végétation, lorsque les saisons sont bien réglées (1).

C'est ainsi que l'hiver modérément froid et humide; le printemps, modérément chaud et humide; l'été modérément chaud et sec; et l'automne modérément froide et sèche, et généralement toutes les saisons, ayant un caractère réglé et de douceur, relativement aux climats et à toutes les circonstances topographiques, qui ont une action constamment modifiante, à la-quelle les végétaux comme les

_______

(1) Voyez mon ouvrage sur les constitutions des saisons par rapport à l'économie animale et végétale.

animaux, ne peuvent, dis-je, que favoriser la végétation des arbres, en secondant le travail du principe vital, toutes les secrétions, l'assimilation des sucs divers ou humeurs, et la production des diverses parties du végétal, un bois sain et bien constitutionné.

Le faux aubier, les gélivures, les gerçures, altérant la sanité du bois, affections très-communes, n'ont pas d'autre cause que l'action d'une âpre gelée, d'une constitution excessivement froide et humide de l'hiver; l'aubier qui recouvre le bois sous l'écorne n'ayant pu se lignifier qu'imparfaitement donne lieu à une fausse couche de bois interposée qui le rend défectueux, hors de service.

Les gélivures ne différent du faux aubier qu'en ce qu'elles sont composées en grande partie d'aubier et d'écorce, que l'on trouve interposées et non moins pernicieuses aux bois. Les gerçures sont ces crevasses, ces fentes longitudinales que présente l'arbre dans sa longueur.

Le bois n'est pas moins défectueux par ces trois vices, dus à la gelée; aussi lorsqu'il est atteint de l'un ou de l'autre, on doit s'empresser de l'abattre, et ne pas attendre davantage, et le mettre au rebut. Si l'on pouvoit même prévoir des constitutions de temps, occasionnant de pareilles affections, il seroit bon de ne pas laisser sur pied des arbres qui ne pourroient que perdre, étant parvenus à un certain âge. Je m'arrêterai ici, n'étant déjà que trop long.

Adieu forêt ou arbre magnifique,
Le grand objet de notre admiration,
De nos grandeurs, figure emblématique,
Un moment vient, c'est votre destruction !
Après avoir bravé les fureurs de l'orage,

Et des siècles vu la révolution,
Que sans égard pour votre bel ombrage,
Un bucheron vous frappe avec action;
Votre chute, ô! chute épouvantable,
Grand colosse de la végétation,
Secoue au loin la terre inébranlable,
La fait gémir de cette commotion.

O bois précieux, de Sylvain le domaine,
Ah! puissiez-vous, avec sa protection,
Hélas! sujets, comme la race humaine,
A divers maux, être exempts d'affection.
Salut, Faunes, Naïades sémillantes!
Que la pensée aime à voir folâtrer,
Vous éclipser, tour à tour scintillantes,
De vos arbres sortir, puis y rentrer.
Protecteurs nés d'un arbre vénérable,
En aucun temps, jamais ne le quittez;
Qu'aux bucherons votre aspect redoutable,
Rende sacrés vos gîtes abrités!

*Verrâtre.* O divin Pan, fécondante Lucine!
Inspirez-moi, montrez à tous les yeux
Que vous aimez cochons, agent porcine,
Et ne blamez mes amours en ces lieux!
Sylvain aussi, que tes puissans services
Me secondent, dans cet heureux séjour.
De mes troupeaux tes bois font les délices,
Admets-moi bien à te faire ma cour.
Que Pan, Sylvain et Naïade sensible,
A mon égard montrent moins de rigueur.
Chacun de vous soyez plus accessible;
Faites ma gloire, ou l'amour de mon cœur,
Si dans les cieux n'avez, agent porcine,
Quelque illustre et brillant rejeton,
De nos forêts issue d'origine,

Vous trouverez parenté de renom.
Cet animal sanguinaire, sauvage,
De l'homme aux bois antique commençal,
Que rien ne peut plier à l'esclavage,
Pour sien bâtard t'admet et non vassal.
Des animaux la terreur, l'épouvante,
Que combat l'homme, alors qu'il est armé
De piques, chiens, meute forte, aboyante :
Mais que, tremblant, toujours fuit désarmé.
Si je voulois exalter votre race,
Parler au long de sa fécondité,
Des mirmidons, agent qui vous retrace,
Que de choses à dire, en vérité !
Contentons-nous de louer sans jactance,
De votre chair l'aliment délicieux,
Pour le hameau mangé en tempérance,
Quoique proscrit de nos pauvres Hébreux.
Du sanglier, morceau de roi ! la hure,
Du porc, morceau bien moins friand, le groin,
Jarret, jambon, foie au castrat, rognure,
Tout est exquis, cochon d'Inde au besoin !

Puis-je parler en effet de l'animal le plus utile quoique le plus sale, sans remonter à l'extraction de sa noble origine, le sanglier, source primitive, assure-t-on, du cochon ordinaire et de celui de Siam, si ce n'est du cochon d'Inde ?

Le sanglier qui a pour femelle la laie, et qui porte le nom de marcassin pendant les six premiers mois de son enfance ; jaloux de la vie solitaire, sauvage et vagabonde, se sépare des laies et des marcassins, qui aiment, au contraire, à vivre en société, ayant plus d'avantage pour se défendre, jusques à ce que, pressé par le rut, affamé de jouir, il se rapproche de sa femelle pour satisfaire ses désirs , la passion furieuse qui l'agite , et la lui fait rechercher dans tous les coins et recoins des bois , tout grognant de son brûlant amour.

Cet animal , féroce , sanguinaire , armé de défenses meurtrières , redoutables aux chasseurs, à leurs meutes qu'il attaque , s'il est provoqué sur-tout , plutôt frugivore que carnivore , vivant de racines , ressemble au cochon , avec la femelle duquel il multiplie en s'accouplant , volontiers , avec elle , et ne diffère du sanglier d'Afrique que par des protubérances qui rendent hideuses la figure de ce dernier , ses défenses énormes et son ample boudoir.

Le cochon , qui n'est que le porc châtré dont le mâle entier s'appelle verrat et la femelle truie, réclame des soins et des lumières de la part du berger relativement au régime qui lui convient et à tout ce qui le concerne.

Que le berger sache que cet animal frileux , qui se plaît dans les pays chauds , demande à être conduit aux champs , dès que la belle saison le permet , chaque jour , jusques à la fin de l'été ; qu'il aime à brouter la bonne herbe , à se nourrir de racines, qu'il appète la truffe , mais qu'on la lui soustrait , et qu'il décèle par son flair et son boudoir , fouillant la terre avec voracité , où les émanations parfumées de cette racine tubéreuse peuvent s'élever ; que , pour l'engraisser , l'orge , les buvées de choux , de navets , de carottes . les épluchures potagères , les légumes cuits dans l'eau de son, doivent former leur nourriture ordinaire ; que c'est festin pour eux conduits dans les forêts, que de se rassasier de glands, de faînes , de châtaignes ; mais qu'il est bon , au retour, de leur donner l'eau de son , mêlée à la farine d'orge , de maïs et d'ivraie qui , provoquant leur sommeil, favorise leur engrais, opéré dans deux ou trois mois ; que dans le temps de la gestation, et sur tout de l'accouchement, il demande à être mieux nourri ; qu'il faut lui fournir une nourriture plus abondante et plus substantielle lorsqu'il a mis bas, comme un mélange de son et d'herbes fraîches dans l'eau tiède ; qu'il réclame des étables bien pavées et litière souvent renouvelée pour se garantir de la ladrerie.

Qu'il sache aussi qu'il est en état de produire à neuf mois ou un an, et ne cesse d'engendrer qu'à quinze ans : que la truie, après cinq mois de gestation, met bas chaque fois de dix à quinze pourceaux, deux fois l'année ; que, pour l'accouplement, il faut choisir un mâle vigoureux, à tête grosse, groin court et camus, oreilles grandes, yeux ardens, cou épais et gros, carrure large, jambes courtes et fortes, ventre évidé, poils rudes, hérissés sur le dos, testicules volumineux. Et la truie à belle encolure à ventre large et mamelles pendantes, d'un caractère doux. Qu'il peut, à volonté, diriger l'accouplement la truie étant habile toute l'année, mais qu'il doit choisir les mois de Mars et de Septembre ; qu'aussitôt pleine, il en sépare le mâle, pour ne pas exposer les petits à être dévorés ; qu'on ne laisse à la mère que les petits que l'on veut nourrir, en vendant les autres ; que les mâles doivent être gardés de préférence, et qu'on ne doit réserver qu'une femelle sur quatre ou cinq ; qu'à deux mois, les cochonnaux doivent être sevrés, conduits aux champs, si la saison le permet, pour paître l'herbe, en leur donnant, matin et soir, de l'eau blanchie avec du son et du petit-lait, et l'hiver, avec quelques fruits, des légumes et des substances grasses, onctueuses, qui excitent

leur appétit, si on est à portée de s'en procurer ;
que l'on ne doit pas laisser vivre plus de deux ans
les cochons, et qu'à six mois il faut les engraisser,
après les avoir soumis à la castration ; que cette opé-
ration doit avoir lieu au printemps et à l'automne.
Que leur obésité peut aller jusques à 85, livres.

Que le berger n'ignore pas que leur chair devient
excellente, leur lard cassant, si on les nourrit quinze
jours avant de les tuer, dans une grande propreté,
avec du froment sec, et qu'on les fasse boire très-peu.

Qu'il sache qu'ils sont sujets à plusieurs maladies,
à des tumeurs froides, l'esquinancie, la toux, le flux
de ventre, la ladrerie, qui en fait proscrire la nourriture aux Juifs, aux Mahométans, à cause de la
lèpre à laquelle on est très-sujet dans leurs pays ;
affreuse maladie, reconnoissable à des ulcères à la
langue et au palais, et à des grains dont leur chair
est parsemée, toujours occasionnée par défaut de
propreté et par l'insensibilité de la couche de graisse
qui les enveloppe ; où les souris se pratiquent parfois
des repaires sans qu'ils s'en aperçoivent.

Parlant un peu de vous, miniature du pourceau,
gentil cochon d'Inde, élevé dans la ferme, souvent
avec lui ; je dirai qu'originaire des pays chauds,
vous pouvez vivre dans les climats tempérés, et
même froids ; et que, bien abrités de l'intempérie
des saisons, vous pouvez multiplier par-tout, mais
que votre frêle organisation redoute le moindre froid,
la plus petite humidité ; qu'ennemis des souris,
vous leur donnez la chasse comme les chats : mais
que, victime des chats à votre tour, ils vous dévorent
ainsi que vos petits ; que, d'un tempérament ardent,
on voit vos jeunes femelles, de deux mois, avoir
des petits ; que, d'une fécondité prodigieuse, la

femelle produit huit fois par an , et porte trois
semaines ; de sorte qu'une seule couple peut être
dans une année la tige d'un millier de rejetons ; et
pouvant vivre six à sept ans, quelle postérité !

Que votre nourriture se compose d'herbes, de fruits,
de pain , de son , de farine et de persil , dont vous
êtes extrêmement friands ; que vous ne buvez jamais,
quoique urinant à chaque instant ; que, naturellement
gais et de mœurs fort douces , vous ne faites ,
comme dit Buffon , que jouer, vous divertir , dor-
mir et manger, gazouiller de plaisir et de contentement ; que , bons à manger , vous pouvez être ,
dans une ferme , d'une grande ressource avec le
cochon ordinaire ; ce qui doit engager à vous en-
tretenir.

Salut , santé , cochons , agent porcine !
Puissiez-vous bien prospérer , propager ?
Pour le profit des fermes , leur cuisine.
Exempts de maux, Pan vous tous protéger !
Que ne puis-je étendre ta culture !
De la truffe animal conquérant ,
Qu'aux animaux , ce bienfait de nature
Te rende illustre et donne premier rang.
Ainsi qu'occupe une place honorable
Par son parfum , entre les végétaux,
Cette pomme suave , délectable .
Qu'appètent tant les humains animaux.

*Bovinosse.* Dieux des bergers et de la bergerie
Grand protecteur de nos jeux pastoraux
Pour l'honneur de la ménagerie,
Fais triompher mes efforts, mes pipeaux !
Que dieu Sylvain aussi me favorise ,
Vos intérêts réunis en ce jour,
Me promettent aussi son entremise ,

C'est sa fête, la vôtre dans ce jour.
Mais l'an sur-tout je vais sous tes auspices
Traiter des soins et de l'éducation,
Des animaux, aux mortels si propices
Vus à Memphis avec vénération.
Les services du bœuf, son importance
L'avoient déjà placé au haut des cieux
Pour signaler alors par sa présence
Travaux, saisons, culture à nos aïeux.
De la bonté, de la toute-puissance,
La figure, l'emblême. le bœuf Apis,
L'homme séduit par la reconnoissance,
Lui dresse autels et fêta Sérapis.
D'une princesse aimable, ravissante,
Un dieu épris se transforme en taureau
Et sur sa croupe assise, triomphante
La belle fuit à travers monts et eau.
Quel animal l'emporte par la force
Quel par l'amour peut le lui disputer,
La vérité est ici sous l'écorce,
De Jupiter sans, vouloir commenter.

Le taureau, issu d'après Buffon de l'aurochs, animal sauvage, qni p,roît être la race primitive de notre taureau domestique et qui a pour variété une espèce dégénérée le bison, le bakeley. le bonasus, le zèbre ou bœufs à bosse, attribuée originairement aux lourds fardeaux dont on les a chargés et dont on les charge encore ; qui n'est, lui même que le bœuf ou taureau chatré ou bistourné et à pour femelle la génisse, qui n'est que la vache privée et dont la progéniture prend le nom de veau, est susceptible d'être privé; il abandonne bientôt et facilement sa vie demi sauvage où il vit en troupeaux dans les haras et palus; mais il perd en vigueur ce qu'il gagne en docilité.

Le bœuf est d'un caractère fier, grave indocile, impatient du joug, avant d'y être accoutumé. Que le berger sache que le physique comme le caractère du bœuf se trouve modifié par le climat, la nourriture, l'éducation. Ceux de Buenos-Ayres sont d'une taille colossale, ceux des pays froids sont plus hauts de stature, en général, que ceux des pays chauds; c'est de l'Auvergne et de la Suisse que nous viennent les bœufs les meilleurs et les plus beaux. Ceux du bas Poitou sont doux, mais peureux et s'effarouchent aisément. Habile à la génération depuis trois jusques à neuf ans, très-chaleureux, il peut saillir par la force de son tempérament grand nombre de vaches, quoiqu'on doive ne lui en livrer qu'une quinzaine par mois pour le conserver dans le temps du rut. Il se distingue de la vache par plus de fierté, par un ton de voix plus mâle, par une démarche plus aisée, plus noble, par plus de force musculaire, par un tempérament ardent, fougueux.

Il mugit, il beugle, dans le temps du rut, ses muscles frémissent, ses nazeaux soufflent, son haleine est enflammée, il court, bondit, passionné, brûlant d'amour, il se précipite sur les génisses qui s'offrent à ses désirs affamés; et si quelque rival se présente, des mugissemens effroyables dont l'Olympe retentit, sont le signal d'un sanglant combat. Leurs muscles tendus, roidis, ils se lancent l'un contre l'autre, se heurtent avec bruit de la corne, se blessent, le sang coule, et l'action n'est suspendue que par la fatigue et pour reprendre haleine: durant ce temps chacun mesure d'un regard fixe et menaçant son rival, bientot l'assaut recommence avec le plus grand acharnement, et ne cesse que par l'épuisement des forces du vaincu, qui, confus, humilié, se retire,

cède l'objet de ses désirs ; alors le vainqueur sonnant
la victoire par des beuglemeus épouvantables pour
les autres animaux, se livre tout entier aux transports
de sa passion jusques à ce que, épuisé par l'excès des
jouissances, ses forces l'abandonnent entièrement.

La castration, la castration seule prévient cette
fougue indomptable qui rend cet animal dangereux.
Qn'elle ait lieu à 18 mois, ou 2 ans, soit par l'extraction des testicules, ou à force de les bistourner, ce
qui est moins salutaire ; car dans ce dernier cas,
conservant quelque propension à l'accouplement, ses
attouchemens occasionnent aux vaches des excrois-
sances, que l'on ne guérit qu'en les cautérisant avec le
feu, tant est grande la virulence que contractent ses
humeurs, rendues effervescentes, frustré dans ses
désirs vénériens. C'est ainsi également que le sang
échauffé du bœuf, excédé de fatigue, ou de douleur, de colère, jaillissant, lorsqu'on le tue ou le
saigne dans ces circonstances, récèle un venin des plus
contagieux, dit-on, au point qu'une seule goûte sur
le visage, ou quelqu'autre partie découverte du
corps occasionne des pustules, des érysipèles et autres
affections, dont la grangrène est souvant la suite.

C'est à l'âge de 2 ou 3 ans que le bœuf très-fort,
très-vigoureux, quoique moins que le taureau ayant
comme lui la force dans la tête et les muscles épais
de ses épaules et très-propre à tirer comme il le
seroit à porter, doit être subjugué, soumis au joug ;
qu'il faut l'y engager par des caresses, la douceur aux-
qu'elles il se montre sensible, le mauvais traitement
au reste le rendant récalcitrant et le décourageant ;
qu'il faut lui donner un peu de sel dans du vin,
ou mêlé à sa nourriture pour l'epprovoiser, qu'il
convient de l'accoupler à la charrue ou au chariot

avec un bœuf tout formé et s'il paroit trop fongueux
entre deux bœufs également privés, ce qui est le
travail de trois ou quatre jours. Que l'on observe de
les appareiller de taille et de force, afin que le plus
fort ne succombe, épuisé par ses efforts; qu'à dix
ans, il ait sa retraite et soit mis à l'engrais pour être
vendu, si on veut en retirer tout le parti possible,
à moins qu'en reconnoissance de ses services il n'ob-
tienne les invalides, comme le cheval parmi les Arabes
et autres animaux parmi certains peuples. Que l'on
reconnoisse son âge aux dents, blanches et longues
dans le jeune âge, mais inégales et noires à un certain âge, ou à ses cornes qui lui tombent la 3.e année et
son remplacées la 4.e par de nouvelles, croissant chaque
année après d'un segment circulaire; ce qui indique
l'âge du bœuf qui ne vit guère plus de 14 ou 15 ans.

Que les bœufs dont on reconnoit la santé au poil
luisant, épais, soyeux, doux au toucher, reçoivent
pour se bien porter les soins du berger, et soient
soumis à un régime de vie salutaire. Qu'une nourriture saine et abondante leur soit fournie en tout temps,
mais d'avantage lorsqu'ils travaillent; que le foin,
la paille, un peu d'avoine et de son, soient sa nourriture en hiver, mais que l'herbe fraiche, de gras
pâturages, les lupins, la vesce, la luzerne soient sa
pâture en été et les feuilles de quantité d'arbres;
mais que l'on craigne qu'une trop grande quantité de
feuilles d'orme, de frêne et de chêne ne leur donnent
le pissement de sang; que l'on prenne garde de ne pas
leur laisser manger trop de luzerne fraîche ou de
trèfle; ce qui pourroit les faire enfler et périr brus-
quement, malgré toutes les aspersions d'eau froide
auxquelles on pourroit avoir recours et autres moyens
capables de les guérir, mais pas toujours efficaces!

que l'onde pure et fraiche d'un ruisseau ou de tout autre part les désaltère chaque jour et les tempère ; craignant plus la chaleur que le froid, qu'on ne les expose pas trop long-temps à un soleil ardent ; que rien ne trouble leur rumination et digestion non plus que leur sommeil léger et court. Leur appétit étant languissant, que l'herbe de leur nourriture soit trempée dans le vinaigre et saupoudrée d'un peu de sel. L'exercice leur étant salutaire, que chaque jour, lorsque le temps le permet, ils soient conduits aux champs. s'accommodant de ce que les chevaux laissent dans les prairies, et presque dans tous les lieux de pâturage en général. Il est économique d'élever en même temps un certain nombre de bœufs pour profiter les pâturages.

Que le bouvier soit attentif à la santé des bœufs exposés à éprouver diverses maladies, quoique trois fois moins nombreuses, que ne le sont celles des chevaux. Qu'il ait assez de lumière pour les distinguer et les guérir. Ils sont très-sujets à la pierre, et l'habitude de se lécher farcit souvent leur estomac et leurs intestins de boules de poil feutré, connues sous le nom d'égragopiles, espèce de bésoards, auxquels ils sont sujets dans les pays très-chauds, qui diffèrent des vrais égragopiles en ce qu'ils sont recouverts de couches concentriques de plâtre et autres substances terreuses. Ils sont sujets à des épizooties, des maladies contagieuses, qui dans 24 heures ont fait périr des troupeaux très-nombreux.

Dieux des troupeaux, prospère la culture,
Pour le bonheur de la société,
De l'animal cher à l'agriculture !
Préserve-le de maux, calamité.
Fais abolir, oh ! par reconnoissance,

Du fier taurean ces combats trop brillans ;
Trop célèbr s avec réjouissance ;
Amusemeus sur-tout des Castillans.
C'est cruauté, horrible ingratitude !
Voir assaillir par chiens, gladiateurs,
Dans l'arène, devant la multitude,
Pauvre animal, beuglant de nos rigueurs,
Et tout couvert de sang, de meurtrissures,
Et de forces, épuisé, aux abois,
Tomber, s'abattre, et mourant de blessures,
Tout retentir au son du cor, des voix.
   *Mérine.* Oh ! soyez-nous propices, favorables,
Dieux des troupeaux, des bois et des forêts,
Et vous aussi, ô Naïades aimables,
Favorisez sexe humble des guérets !
A tous ces jeux, ces luttes pastorales,
Etrangères, ne soignant que troupeaux,
Comment sortir de ces lyces rurales
Avec honneur, sans talens, bons pipeaux !
Disons deux mots des vaches nourricières,
De leurs produits et de leurs jeunes veaux,
Qui valent bien nos richesses foncières,
Et tout autant que d'autres animaux.
L'antiquité honorant ses services
En fit l'objet d'un culte religieux.
La vache a vu implorer ses auspices,
Dans plus d'un lieu par des superstitieux.
L'Inde sur-tout à ses pieds prosternée,
A vu jadis av c vénération
Vache sacrée, en pompe promenée,
Des bons radous faisant la religion.
Nous, étrangers à toute idolâtrie,
Reconnoissons, mais bien plus sagement
L'utilité pour la mère patrie,

De t'élever, vache, soigneusement.
De tes petits la chair tendre et exquise
De ton lait doux, le sucré, la saveur,
Et ton fromage encore de requise,
Que tout te rende objet de la faveur,
Ta docilité, malgré ta force engage
A te laisser conduire par l'enfant,
A te soumettre au joug du labourage,
Quel caractère humble, doux et pliant !

D'après tout ce qu'a dit Bovinosse sur les bœufs, il me reste bien peu de choses intéressantes, à dire sur les vaches.

Quoique propres à la génération, depuis dix-huit mois jusques à cinq ans, que l'on sache qu'elles ne doivent être accouplées qu'à trois ans ; que la tuméfaction de l'organe indique le temps convenable, qui a lieu au printemps, excitant leurs désirs, au point de sauter sur le mâle, , s'il se présente alors à leur vue ; qu'elles portent neuf mois ; que l'on n'ignore pas qu'elles sont très-susceptibles d'avorter, ce qui commande de grands ménagemens ; que lorsqu'elles ont mis bas leur veau, il faut le saupoudrer de sel, afin que la mère le lèche ; qu'aussitôt qu'elle est délivrée de l'arrière-faix, on fasse avaler à l'accouchée, au moyen d'une corne, un breuvage fortifiant, et au nourrisson, un jaune d'œuf cru. Mis cinq à six jours à côté de sa nourrice, qu'il tète, l'aimable veau, autant qu'il voudra ; mais, passé cet intervalle de temps, qu'il soit attaché à l'écart, et que l'on ne le fasse plus téter qu'à certaines heures ; l'attachement de ces bonnes mères est si grand, qu'elles s'épuiseroient plutôt que de lui refuser du lait.

Les vaches demandant les mêmes soins et la même

nourriture que les bœufs ; je me dispense de parler de leur régime. Non moins dociles que les bœufs, elles ne refusent pas de se soumettre au joug, ainsi que lui, et de partager les travaux de l'agricole dans certains pays ; mais fournissant très-peu du lait alors , cette considération fait qu'on les en dispense dans la plupart des endroits , et que l'on n'y exige d'elles que les utiles fonctions de mère et l'excédent de leur lait , qui peut être pour la ferme une branche lucrative : tant elles en fournissent abondamment, à peu près toute l'année.

Que bergère sache qu'une vache commune couverte par un taureau de Hollande donne une vache qui réunit le double avantage de fournir du lait toute l'année et de mettre bas souvent deux veaux à la fois, tandis que la vache ordinaire n'en donne jamais qu'un. Que ce soit les vaches de Hollande , ou de la Suisse qui fournissent le meilleur lait et le meilleur fromage , à raison de l'abondance et de la qualité des fourrages et de toutes les circonstances topographiques qui agissent sur la constitution des animaux. Nos vaches, selon qu'elles sont plus ou moins bien soignées et nourries, et qu'on leur fournit telles ou telles substances, fournissent plus ou moins de lait, et un lait qui varie plus ou moins par ses qualités.

C'est ainsi que , nourries avec du maïs et du bled de Turquie, leur lait est plus sucré que lorsqu'elles mangent des choux , qu'elles aiment beaucoup , et encore plus que la simple herbe ; que la bergère sache qu'on peut traire une bonne vache deux fois par jour en Eté, et une fois par jour en Hiver ; que les vaches blanches donnent plus de lait que les noires, mais que celles-ci fournissent le meilleur.

Puis-je parler du lait sans dire deux mots de son

emploi dans les fermes, et sans parler des fonctions de la petite laitière des champs qui, comme celle de la ville, doit savoir préparer beurre, crème et fromage.

D'après les divers principes constituans du lait, consistant en sérosité, partie butireuse et partie caséeuse, à part la partie saccharine dont est imprégnée la sérosité; sérosité dont les Tartares retirent une liqueur vineuse et spiritueuse par la fermentation : et d'après le peu d'adhérence de ces principes entre eux, il en résulte que l'on peut à volonté extraire du lait, à la faveur de quelques opérations très simples, l'un ou l'autre des résultats mentionnés.

Le simple repos du lait suffit pour faire surnager la crême ou la partie la plus butireuse du lait que la laitière enlève successivement avec une coquille.

Et si elle veut préparer des crêmes fouettées, qu'à de la crême douce, elle mêle du sucre en poudre une pincée de gomme arabique pulvérisée, un peu d'eau de fleur d'oranger et qu'elle fouette ensuite la crême avec un petit bâton d'osier ; cette crême mêlée avec l'air par l'agitation se réduit en une sorte de mousse, de neige, à laquelle on peut donner toutes les formes possibles, dont on peut relever encore la saveur délicieuse, en y lardant de petits morceaux de citron confits au sucre, ou de conserves de différentes couleurs.

Si elle veut en obtenir du beurre, que par le moyen du bat-beurre qui est une plaque de bois percée de divers trous tenant au centre à un manche, et d'un vaisseau de bois à forme conique tronquée, ou ayant la forme d'un petit tonneau couché nommé la baratte flammande, traversé d'un axe armé de palettes, mu extérieurement par une manivelle, on batte, agite la crême, qu'on enlève le beurre à mésure qu'il se sépare de la sérosité, et de la partie caséeuse. Que bergère sache qu'il faut un degré moyen de température ; ce qui doit faire approcher la barratte du feu lorsqu'il fait froid, ou la faire plonger dans l'eau, à plusieurs reprises, lorsqu'il fait trop chaud. Que dix livres de lait donnent trois livres de beurre ordinairement ; que le meilleur beurre est naturellement jaune, qu'il est très-susceptible de rancir, en s'oxidant comme l'huile ; que pour le dépouiller de cette rancidité il suffit de l'agiter dans l'eau, de l'y tenir dedans en la renonvelant souvent.

Et si la laitière veut faire des fromages qu'elle peut faire à la crême, ou non : que dans le 1.er cas elle prenne parties égales de crême et de lait, qu'elle y mêle un peu de présure ou lait acide, caillé, que l'on trouve dans l'estomac des jeunes veaux, ou de la fleur de chardon ou d'artichaut, qu'elle passe le tout à travers un tamis de crin dans une terrine, l'y laisse cailler et prendre forme, et le mette ensuite avec une cuiller dans de petits paniers d'osier ou moules de ferblanc bien propres pour l'y laisser égoutter ; qu'elle verse ensuite sur ces fromages de la crême douce, dans laquelle on peut faire fondre du sucre en poudre ; il en résulte de petits fromages exquis dignes de la bouche de Pan : dans le 2.e cas des fromages écrêmés, qu'elle les fasse avec ce qui reste du lait dont on a enlevé la crême, en le caillant au moyen de la présure. le mettant dans des formes, percées de petits trous, l'y pressant pour en séparer entièrement le petit lait ; et selon qu'elles le désirent qu'elles en fassent de petits fromages lavés, en les laissant macérer dans l'eau-de-vie, après les avoir saupoudrées de poivre ; et s'il elle veut faire d'autres fromages comme ceux de montagne, qu'elle les comprime, en les enveloppant et serrant dans des linges; qu'elle les fasse sécher, les expose dans des lieux favorables, en les saupoudrant d'un peu de sel pour aider au développement lent d'une fermentation putride, qui a lieu, analogue à la fermentation animale, dont est susceptible la partie caséeuse du lait, identique au blanc de l'œuf, au gluten et autres parties semblables des animaux; qu'on ralentit en raclant la surface du fromage, et qu'on accélère alternativement, jusques à ce que le fromage ait acquis une croûte plus ou moins colorée. Et relativement à certains fromages, on pousse cette fermentation jusqu'à ce que cette couleur ait plus ou moins atteint l'intérieur, comme cela a lieu par rapport aux fromages de Roquefort, les plus exquis des fromages connus, faits avec le lait de brebis, très-butireux, auquel on ajoute quelquefois du lait de chèvres ; et dont l'excellence tient essentiellement à la bonté du lait des troupeaux paissant sur le Larzac aux excellens pâturages, mais encore aux caves de ce pays, naturellement pratiquées en partie dans les flancs des rochers et à une température constante de 1 à 2 degrés, au-dessous du o.

Les qualités des fromages varient selon celles du lait, les procédés employés et les localités, plus ou moins favorables. Cet ainsi que celui de Gruyère en Suisse, fait avec le lait de vache, participe de la bonté du lait, que les excellens fourrages procurent aux vaches, et des manipulations, et procédés différens et chalets employés pour cet usage, ou l'œil ravi ne peut se lasser de voir des ruisseaux de lait couler de toutes parts, et où l'on aide à la prise, à la fromation du caillé, par l'effet de la transpi-

ration animale ; les aimables bergères de l'Helvétie,
plongent les bras entièrement dans le lait, et presque
jusques à leur sein, aussi blanc que le lait même.
La plus grande propreté doit régner par-tout dans
les individus, les ustensiles et les laboratoires, si
l'on veut que le lait ne tourne pas, ou que les résultats
ne contractent pas de l'acidité, ou rancidité, ce que
l'on ne sauroit trop éviter.

Sans revenir sur tes dons, ta louange,
N'omettons pas, enfin, pour ton honneur,
Que l'homme Dieu, dans une simple grange,
Entre vache nacquit et sans splendeur.
Que son berceau fut une crêche agreste ;
Qu'à des bergers, des Rois, pasteurs, alors
Dieu signala sa naissance modeste,
Par un astre, un prodige au dehors.
Disons aussi, parfois malade étique,
Des étables respire avec succès
L'atmosphère tépide, balsamique,
Redevient sain, grâces à leur accès.
Du genre humain, vache bien-faitrice,
Reconnoissance, immortelle à jamais !
Oui la vaccine, humeur dépuratrice
Mortels, beauté, vous sauve désormais.

*Amynthe.* Dieu des bergers et des bois que rassemble
Même intérêt, même solennité
Accordez-moi, intercédés ensemble
Bien veillance, faveur d'aménité.
D'Acheloüs filles intéressantes,
Par la piété pour père malheureux,
Que vos faveurs, inspirations puissantes
Rendent bon père et nos efforts heureux !
Amalthée du haut parvis céleste
Jette sur nous un regard protecteur

Je vais parler, avec un ton modeste,
De mes chèvres, chevreaux, mon bonheur.
Grâces à vous, chèvres officieuses !
Combien d'enfans votre sein abondant
N'a pas nourris pour mères malheureuses !
Vous nourrites des dieux le plus puissant.
Que de bergers à la fleur du bel âge
Tristes, mornes, mourans, près du tombeau
Ont pu, rendant à votre lait hommage
Ressuscités, enfler leur chalumeau !
Quoique vives, extrêmement légères
D'un caractère actif et pétulant
Très-dociles à la voix des bergères
Chèvres quittent le buisson rutilant.

La chèvre comme on voit présente assez d'avantages pour mériter qu'on la cultive. Que l'on sache que le bouc, mâle de la chèvre a l'honneur d'être issu du bouquetin, ou bouc sauvage, animal plus grand, plus fort, plus léger, plus chaleureux, que lui ; qui gravit les rochers escarpés et glacés des alpes, qui franchit d'un pied léger les précipices des montagnes, mais susceptible d'être privé comme lui : Que le bouc se distingue de la chèvre non seulement par sa taille, ses cornes, sa pétulance, mais encore par une odeur particulière : Qu'il en est qui non point de cornes, et sont préférables sous ce rapport pour les troupeaux. Que cet animal très-lascif, très-pétulant est en état d'engendrer à un an ; qu'il peut suffire à une cinquantaine de chèvres, pendant trois mois, mais qu'il est épuisé et vieux à 5 ou 6 ans.

Que l'on distingue plusieurs espèces ou variétés, de chèvres, telles que la petite, aimable chèvre d'Angora et d'Héraclée, à poil très-blanc, très-long et très-soyeux, qui prospéreroit bien dans nos climats, d'après divers essais, et la chèvre du levant à longues oreilles, variété de cette dernière.

Qu'il ne faut pas la confondre avec la gazelle, issue du chamois, habitant les alpes, les pyrénées, entre-autres montagnes, vivant en troupeaux, aussi ingambe, alerte que le bouquetin ; ni avec les variétés de celle-ci, vivant dans les Indes orientales et l'Afrique, en société et n'ayant point de barbe.

Que la chèvre est habile à la génération des l'âge de huit mois, mais que l'on attend qu'elle ait acquis deux ans pour l'accoupler, afin d'avoir des petits moins foibles et plus robustes, que l'on nomme chevreaux ; que c'est depuis Septembre jusqu'à la mi-Octobre que les feux de l'amour se font éprouver à la chèvre, mais que l'on préfère différer l'accouplement à la fin de Novembre, pour que les chevreaux trouvent de l'herbe tendre lorsqu'ils commencent à paître ; qu'elle porte cinq mois et met bas vers le 6.me un ou deux chevreaux, très-rarement trois ou quatre; qu'elle cesse d'engendrer à sept ans, que le chevreau tête un mois ou cinq semaines, ou deux mois, s'il est foible ; qu'après ce temps il soit éloigné de la mère et entièrement sevré dès qu'il commencera à brouter les jeunes bourgeons, l'herbe, le foin ; qu'il soit coupé dès l'âge de six à sept mois où les feux de l'amour se font souvent éprouver chez lui alors, à moins qu'il ne soit destiné à féconder les troupeaux.

Que l'on fasse choix à cette époque des jeunes boucs et chèvres destinés à la propagation. Taille grande, cou court, charnu, tête légère, oreilles pendantes, cuisses grosses, jambes fermes, barbe longue, et bien touffue, poil épais et doux, allure pétulante sont les qualités requises pour un bouc : et taille avantageuse, croupe large, cuisses fournies, démarche légère, poil doux, épaix sont celles exigées pour la chèvre

Que les dents et les cornes de ces animaux fassent connoître leur âge, comme le font celles des brebis. Les chèvres vivent de dix à douze années.

Que leur accouchement, toujours plus ou moins laborieux à raison de leur excessive irritabilité, ce qui les expose aux plus grands dangers, excite la vigilance, les attentions de la bergère, sa sage femme; que pour les conserver on leur fasse avaler un verre de vin; que leurs parties bassinées avec des plantes émollientes le favorisent, ainsi que l'expulsion de l'arrière-faix.

Quant au régime, à la nourriture des chèvres, tout se réduit à les faire sortir de grand matin pour les conduire paître sans craindre pour elles, comme à l'égard des moutons, l'humidité et les rosées, à les faire rentrer à la bergerie pendant les heures de la grande chaleur, à éviter de les conduire dans des lieux humides, marécageux; aimant à grimper, à les mener de préférence dans les lieux escarpés et montueux.

Que l'on sache que peu délicates pour la nourriture, les ronces, les épines, les buissons, les bruyères, tout leur est bon, jusqu'aux tithymales. Que les plantes qui pourroient entrer dans leur nourriture sont en plus grand nombre que pour les autres animaux; qu'on les porte jusques à cinq cents; tandis que celles pour les moutons ne vont que jusqu'à quatre cents; que les friches, les terres les plus stériles leur fournissent toujours quelque chose à brouter; que la bergère connoissant sa dent meurtrière les écarte des tendres pousses des bois, leur en interdise l'entrée, tant qu'elles sont à la portée de leurs dents cruelles; qu'elles soient éloignées des endroits cultivés; que les blés, les vignes leur soient fermés.

D'une constitution sèche ardente que la bergère les abreuve matin et soir; que pour exciter leur

★

appétit languissant, lorsqu'elles sont dégoûtées, malades, il leur soit donné de temps en temps de l'eau salée, du salpêtre brut,.qu'elles appètent, au point de lécher les plâtras, les crépis des murailles.

Qu'en Hiver nourries plus ou moins à l'étable on les fasse sortir depuis 9 heures du matin jusqu'à 5 heures du soir.

Trop vives, trop pétulentes, que l'on évite qu'elles se fatiguent , de crainte d'affoiblir la source de leur lait , d'autant plus abondant que leur nourriture est copieuse. Que pour augmenter leur lait on leur donne d s pommes de terre, bouillies avec le son, qu'on leur fasse brouter la feuille du cytise en les conduisant au bois ; qu'elles soient traittes deux fois le jour, le matin et le soir.

Que l'on sache que les chèvres d'un tempérament robuste sont sujettes à moins de maladies que les brebis. Maladies que l'on distingue en internes et externes ; parmi les externes sont les fractures , les luxations , les efforts des reins , les affections des yeux , divers ulcères, des tumeurs, la gale , le bouquet : et les maladies internes sont , des affections inflammatoires, bilieuses, lymphatiques, etc. (1) analogues à celles des brebis , toutes affections qui réclament de la part des bergères des secours plus ou moins prompts ,

Que n'aurois je pas à dire si je voulois m'étendre sur les avantages qui résultent de tous vos produits, ne fut-ce que de votre lait placé après celui de la femme et celui de l'ânesse.

---

(1) Voyez la division que j'ai donnée dans les jeux ruraux sur l'éducation des brebis , et la culture de la laine une autre de mes scènes pastorales.

Quoi plns dire de vous chèvre précieuse
La douceur même, et l'amabilité?
Oui, vos passions, tendres affectueuses,
Expriment bien la sensibilité :
Reconnoissance et affe3tion filiale,
Dévouement de la maternité,
Tendresse aussi d'une épouse amicale,
De l'amitié grande affabilité !
O que Dieu Pan vous protége et préserve
De maladie, chute, et de tous maux,
Et que l'amour, qui vous régit, vous serve,
Soyez heureux innocens animaux!
Que Lucine, sur-tout, compatissante,
Vous préserve de triste avortement,
Ne soyez pas si vive, pétulante,
Et accouchez toujours heureusement!
Fournissez-nous chevreaux par excéllence
Pour l'intérêt de la société,
Lait délicat, exquis, en abondance,
Et poil soyeux, long, brillant, argenté!
Sylvain au bois, Maïa dans la prairie
Que nos chèvres, si dignes d'affection
Vous soient chères; quittant la bergerie,
Qu'elles paissent, sous votre protection !
Paissez en paix au sein de l'abondance
Douces chèvres, plus heureuses que nous,
Savourez bien utiles jouissances,
Que dieu d'amour établit entre vous.

    *De hauteterre.* Que vous êtes bergères ravissantes ;
Que vous parliez, en prose ou bien en vers (1).

---

(1) Il y auroit petitesse, orgueil mal fondé de faire l'éloge
de mes vers par la bouche de mes bergers, si la candeur

Que vos luttes rendent intérressantes
Et nos luttes et nos combats divers !
Assez et trop vos discussions s'étendent
Intéressans, aimables et chers lutteurs
Fin aux plaisirs de ceux qui vous entendent ;
Prés abreuvés, ménagés vos labeurs.
La séance berger, bergère,
Suspendons-la, respirons un moment ;
Pendant ce temps, que la flûte légère,
Fasse intermède, un assaut d'agrément.

*Fin de la* 2.^me *églogue.*

---

pastorale ne faisoit excuser le petit amour-propre des bergers, et sur-tout à moi qui, depuis près de trente ans, n'avois guère fait des vers: quelque facilité que la nature m'ait donnée à cet égard entr'autres, et qui n'y ai eu recours que pour prêter un peu plus d'intérêt à un genre qui pourroit s'en passer ; comme je le fis dans mes colloques sur l'astronomie, un de mes ouvrages, où tous les vers, à quelques-uns près m'appartenant, sont pris de divers poètes ; tandis que dans cet ouvrage tous m'appartiennent, ainsi que la prose. Un autre motif qui m'y a fait recourir, c'est de repousser la jalousie, qui auroit pu croire que c'est par impuissance que je n'ai pas mis en vers ce genre bucolico-georgico-scénique. Frère de l'auteur du poème des mois, je sens que je pourrois avoir, comme lui, quelques succès en poésie ; et l'indignation, jointe au défaut de fortune, pourroit bien m'attacher davantage au culte des muses.

# III.<sup>me</sup> ÉGLOGUE.

*De Hau-*
*teterre.* Vos grands talens, leur triomphe honorables,
Agronomes, bergers, agriculteurs,
Rendent vos noms sacrés, recommandables,
En vous méritant des prix et des honneurs.
Quoiqu'elles n'aient nos luttes chalumiques
Et nos combats, forestiers, pastoraux,
Splendeur, éclat, des simples jeux scéniques :
Votre intérêt l'emporte, jeux ruraux !
Dans leur lyce, s'offrent bien moins de gloire,
De spectateurs et d'applaudissemens ;
Mais qu'importe à l'honneur, la victoire
Au bien public, tous ces amusemens !
Chacun ici vous approuve, et admire
Avec plaisir, voit vos succès saillans ;
Désirant voir de Pan, Sylvain, croître l'empire ;
Et de Palès les domaines brillans.
Que n'avons-nous de grandes récompenses
A vous offrir et décerner à tous ;
Bien méritant de la reconnoissance,
Simple laurier vaut médaille, entre nous ;
Vous n'aspirez, en vous rendant utiles,
Qu'à faire aimer bois, champs (1), ferme et troupeaux ;
Mieux cultivés et rendus plus fertiles,
Et propager la gloire des pipeaux.

---

(1) Voyez les divers sujets agronomiques et ruraux de
mes diverses pastorales, entr'autres celui relatif à l'agronomie
en particulier, et à la culture de la vigne, de l'olivier, des
champs et des prairies.

Que Pan, Sylvain soient ici les arbitres
D'un jugement toujours trop incertain.
Des talens égaux, ont même titres
Qu'ils m'inspirent, rendent mon choix certain.

Il seroit difficile, Laforestière, Ormille, de traiter la question des futaies et bois, non-seulement avec plus de connoissance, de lumières et de sagacité, mais encore de méthode de clarté et d'élocution que vous venez d'y porter. Un sujet d'agronomie d'une telle importance ne pouvoit mieux rencontrer; vos talens y ont ajouté un nouvel intérêt; vous en avez relevé le lustre par vos morceaux de poësie; vous avez si bien fait ressortir les précieux avantages, Ormille, qui en résultent, tant pour les arts que pour l'intérêt de l'état et de l'agronomie, à part leur utilité et nécessité comme combustibles; que tous les agronomes vous devront de la reconnoissance; que vos noms immortalisés dans les fastes de l'agriculture passeront d'âge en âge, et seront célèbres tant que les jeux ruraux et chalumiques seront célébrés.

Le premier prix d'agronomie vous est décerné, Ormille, que ce luth et cette couronne fassent à jamais votre gloire ! Fanfare !

Le second vous est adjugé, célèbre Laforestière : c'est un chalumeau, qui a appartenu à Agrostéme, votre ami, si renommé dans l'art divin du grand Pan, et une couronne de chêne. Fanfare !

Bovinosse, Verrâtre, Mérine, Amynthe, intéressantes Bergères ! que d'intérêt vous venez de prêter aux sujets que vous venez si judicieusement de discuter en déployant des lumières, une érudition et une élégance dans votre prose et dans vos vers, qui ont ennobli la matière assez simple de sa nature, comme il m'est agréable de pouvoir vous décerner des éloges, si je ne puis vous décerner des récompenses dignes de votre mérite.

Bovinosse, vous avez traité votre sujet à grands traits, d'une manière grande et noble, digne du surnom que vous portez, et de faire beugler de reconnoissance les bœufs enorgueillis par-tout où ils vous apercevront, et de leur faire courber la tête de respect; et à ce titre, je vous adjuge pour premier prix une lyre. Et vous Verrâtre qui avez ennobli l'agent porcine, votre sujet, et l'avez rendu intéressant par les divers rapports d'histoire naturelle, sous lesquels vous l'avez envisagé ; qu'un pipeau qui a, appartenu à Mélibée, sur lequel il a célébré *le retour de la paix et de l'empire de Bourbons, et la fête des lys* et célébré l'influence de la paix sur la prospérité de la ménagerie, vous soit décerné avec une couronne, à titre de second prix ! Fanfare !

Approchez, Mérine, Amynthe, aimables bergères, si dignes de père Hircas, et d'un sort plus heureux, ainsi que lui ; qu'un chapeau jumeau de bergère, décerné à chacune, avec une couronne vous tienne lieu de troisième prix, et fasse à jamais votre gloire et celle du vénérable Lignicole. Fanfare !

*Mérine, Amynthe, Ormille, Bovinosse, successivement déposent leur couronne sur la tête d'Hircas.*

*Mérine.* Que Mérine bon père te couronne ;

*Amynthe.* Amynthe aussi, cher père, également ;

*Ormille.* Que bon fils Ormille vous la donne.

*Bovinosse.* Et Bovinosse ton fils présentement.

*Hircas, ému, attendri de joie, de surprise et de contentement.*

Ah! chers enfans, embrassez votre père !
C'est trop heureux, beaucoup trop dans un jour.
Qu'un tel bonheur, un sort aussi prospère ;

Rendons en grâce aux Dieux et tour-à-tour.
*Ses filles et gendres futurs l'embrassent.*
*Tous.* Mais unissez-nous plutôt, père adorable;
A vos enfans tous ici à genoux,
Avec le ciel montrez vous favorable;
Ah! bon père, bénissez-nous époux.
*Hircas.* O quel tableau! céleste providence!
A ton œuvre joignons ma sanction;
Qu'un nœud sacré entre deux vous commence;
Soyez bénis! cessez cette station!
Trop chers enfans, objets de ma tendresse,
Aimez vous bien, c'est le plus grand bonheur.
De votre union, célébrons, l'alégresse,
Et fêtons Pan, Sylvain, l'amour vainqueur.
*Les 4 enfans.* O père bon, père indulgent et tendre,
Que sans cesse mon cœur reconnoissant;
Et son devoir, son amour fasse entendre,
Et te présente enfant intéressant!
Que désormais ton affable vieillesse '
Affranchie de soucis, de labeur,
Se repose sur les bords du Permesse,
Chante Sylvain, Pan, Bacchus, son bonheur.
*Ormille.* } Plus de rigueur, mie, plus d'injustice!
*Bovinosse* } Nos cœurs unis de la plus douce union
D'amour, d'hymen, savourons les délices,
Ne craignons plus de nos cœurs l'affection.
*Mérine.* } O que l'hymen, ami, nous dédommage
*Amynthe.* } Des privations de nos chastes amours.
Long nous aimer, est un grand avantage,
Que nœud d'hymen nous offrira toujours!
*Hircas.* Suspendons l'effusion de nos sentimens,
n'oublions pas que ce jour est destiné à la célébration
des jeux ruraux et de la fête de Pan, de Silvain
des Faunes, et Naïades. ( *qui suit toute en vers.* )

# LA FÊTE
## DE PAN ET DE SYLVAIN,
### DES FAUNES ET DES NAÏADES (1),

Par Cl. BOUCHER-DERATTE ;

Ancien professeur de Physique et de Chimie expérimentales,
Auteur de plusieurs opuscules d'agronomie à scènes pastorales et de nombre d'ouvrages ou traités , en divers genres ;
sur les rapports organiques, traité physiologique, l'électricité, le galvanisme, l'aimant ; sur l'astronomie, sur l'optique
sur les constitutions météorologiques des saisons par rapport à
l'économie animale et végétale ; sur l'art d'observer en médecine et dans les sciences naturelles ; sur l'idéologie, et de etc.

*Un Seigneur.* Charmans bergers, dignes du siècle d'or

Et des beaux jours de l'aimable arcadie

Qu'avec plaisir nous revoyons encor ,

Et vos luttes et jeux d'académie!

Honneur et gloire à vos jeux pastoraux,

A vos talens, à votre enthousiasme

Pour la culture et les objets ruraux ,

Qu'embelliroit votre gaîté d'Erasme.

Que la nature et tout son merveilleux ,

Phénomènes, enigmes et emblèmes ,

Fixent toujours votre esprit et vos yeux ,

Fils de Cerès , et nouveaux Triptolèmes !

---

(1) Ce fragment est extrait d'un petit ouvrage d'agronomie
qui va être imprimé sur la culture et la régie des bois et forêts ,
et sur l'éducation des bœufs , taureaux , vaches , chèvres , et
cochons ; opuscule encadré dans une pastorale mêlée de vers

Le sujet de la pastorale est après la distribution des prix
décernés sur les objets mentionnés , les amours et le mariage
des deux filles d'Hircas , Chevrier et Bucheron en même
temps , nommées Mérine et Amynthe , couronnées dans le
concours ; et d'Ormille et de Bovinosse , deux agronomies leurs
amans , également couronnés , et la fête de Pan , de Sylvain
des Faunes et Naïades , que voici en 3 pag. 242 vers.

Vous exerçant avec zèle , splendeur,
Continuez vos jeux agronomiques,
Et soutenez , avec la même ardeur ,
Le noble éclat des luttes chalumiques.
Par vos efforts , par vos brillants succès
L'agronomie , l'agriculture,
S'élèveront , oui , d'accès en accès ,
Aux grands secrets , cachés par la nature.
Contribuant au bonheur social
Puisse l'état , dans sa munificence,
Encourageant le talent pastoral ,
Vous décerner plus d'une récompense!

   *Dehauteterre.* Que vous êtes dignes d'admiration ,
O père Hircas , Bovinosse, et Ormille,
Mérine , Amynthe , immortelle famille !
Par les talens , la grande émulation.
Pour honorer le triomphe admirable ,
De la vertu , des talens couronnés ,
Qu'une férie à jamais mémorable ,
Soit célébrée en ces lieux étonnés !
Que Pan, Sylvain , et Faunes , et Naïades ,
Représentés par Hircas , ses enfans ,
Mêlent leurs jeux sans craindre les Pléiades.
A nos luttes , nos pipeaux triomphans !
Combien ces monts , en vaste amphitéâtre ,
Cette forêt , ces prés , cette station ,
Majestueux , magnifique théâtre ,
Prêtent de charme , et de grâce à l'action !
Cette fiction embellissant la fête ,
Et provoquant des ris ou des désirs ,
Que dieu malin , ou dieu bouffon apprête ,
Va nous fournir un essaim de plaisirs.

   *Hircas.* Oh! c'est pour nous trop de gloire et d'honneur ,
Bien agréez notre reconnoissance ,

La fortune nous sourit par bonheur,
Mais de talens acquittez-nous d'avance.
Grande gaîté, bruit à froisser tympan !
Dans nos forêts et dans cette prairie,
C'est la fête de Sylvain, du grand Pan !
C'est la nôtre, et de la bergerie.
Que tout se meuve, enfans, jeunes, et vieux,
Pyrouète, coure, saute, bondisse !
Que des hymnes, des chants, dignes des dieux,
La terre au loin dans nos bois retentisse!
Qu'un trophée, fait à la profession
De Pan, Sylvain et du grand Triptolème,
Nous inspirant de la vénération,
Signale aux yeux leur glorieux emblème.
Fête en tous lieux, partout festination;
Beaucoup de joie et force jouissance !
Que tout montre grande satisfaction,
Par signes, cris, sons de réjouissance !
Que l'on voie les divers animaux
Abandonner étables, bergerie
Et réjouis du son des chalumeaux,
Gagner, couvrir les coteaux, la prairie.
Bien vus de Pan que partout leur aspect
Frappe les yeux, que maint, à sa manière
Lui rende hommage et tribut de respect
Pâture aux prés et fasse riche chère !
Que vaches, bœufs, genisses, et taureaux,
Naseaux soufflans, mufle élevé, mugissent,
Goûtent aux prés de nos plaisirs ruraux !
Que monts, plaines, bois, cieux en retentissent !
Que les moutons et les troupeaux nombreux,
Parqués partout, dans les champs, les campagnes
Fassent ouir leur bêlemens joyeux,
Et leur sonnète au pied de ces montagnes.

Friand de glands, que le cochon grogne au bois !
Partisante des buissons, du cytise
Que chèvre y mèe de sa tremblante voix ;
Oh ! pour Hircas c'est la forêt d'Amphryse !
Qu'il bondisse, hennisse avec transports
Cet animal, fier de ses hauts services !
Qu'il gambade, bon, sous d'autres rapports
L'humble animal, bas de ses bas offices !
Qne le parfum s'exale ici des fleurs.
Que les arbres agitent leur feuillage,
Que les oiseaux avec nos voix, nos cœurs,
Fassent concert par leur charmant ramage !
Hommage à Pan, emblême du grand tout,
Bruyantes eaux, qu'en cascade nature
Fait ruisseler, saillant des monts, partout !
Et le ruisseau, qui serpente et murmure !
Toi, qui joues, à travers ces roseaux,
Doux zéphire, qui gazouilles, soupires,
Enfles du dieu les légers chalumeaux,
Nous parfumes de l'air que tu expires.
Vous tous enfin, êtres inanimés,
Modifiez vos traits de ressemblance,
Ah ! partagez des êtres animés
Les affections de la reconnoissance !
Que Pan, Sylvain et leur aimable suite
Accourent tous à ma bruyante voix !
Des profanes sans craindre la poursuite,
Qu'ils se montrent dans ces forêts, ces bois !
Qu'ils désertent les rochers, les montagnes,
Qu'ils ont choisi pour faire leur séjour !
Et paroissent dans ces riches campagnes :
Pour présider la pompe de ce jour !
Que les Faunes quittent les monts, leurs cîmes
Abandonnent ces trop hautes stations !

D'un pied léger, franchissent leurs abîmes
Et descendent dans ces basses régions !
Qu'à petits pas, et courant par cascades,
Tout sautillant après eux, sur leurs pas,
Que les Nymphes, les timides Naïades,
S'offrent aux yeux, nous voilant leurs appas !
Quel triomphe, Pan et sa cour aimable
Sur la croupe de ces monts sourcilleux,
S'offrent à nous, tels dépeints par la fable,
Tous réjouis, dansant et radieux !
Imitons tous de ces joyeuses bandes,
Avec gaîté, expansive émotion,
Et les danses, aimables sarabandes,
Et la folie et même l'affection !
Pour honorer la fête lupercale,
Que miel et vin coulent en libation !
Que le bon vin nous serve d'eau lustrale !
Bien observons rite de réligion !
Qu'il soit offert aux dieux en sacrifice
De nos troupeaux le belier le plus beau,
De nos agneaux les plus tendres prémices,
Avec nos hymnes, au son du chalumeau !
Qu'après, enfin, chacun de nous banquète
Que riche vin, ruisselant à grands flots ;
Agacerie et ris, charmants propos,
Nous égaient ! mettent l'amour en quête !

*Bergers* {*Chantons, dansons à l'ombre de nos treilles*
*Bergeres.* {*Enfans, vieillards, et jeunes, et vieilles,*

*Ormille.* O ma flûte, célébrons ce beau jour !
Chantons l'hymen et ses aimables chaînes !
Chantons Sylvain, Pan, la gloire et l'amour !
Chantons nos bois, nos forêts et nos plaines !
O quel charme ! quel doux ravissement !
Dieux des cœurs ! qu'une tendre bergère !

Riche d'attraits, de vertus, d'agrément !
Comme le temps fuit d'une aîle legère !
Pour les sages, les poètes, les amants
Qu'ils ont d'attraits tous ces lieux romantiques !
Que de pensers et de grands sentimens,
Vous inspirez, monts et forêts antiques !
Pour les talents quel plus noble aiguillon,
Que du grand Pan les luttes chalumiques,
Dont la gloire germe dans ce sillon,
Plus utiles que les jeux olympiques !

*B. B. Chantons, dansons, etc.*

*Mérine.* Que mon désir, et mon bonheur extrêmes,
Par vous, dieux bons ! couronnés en ce jour
De triomphe pour nos arts suprêmes,
Nous proclament vos hauts-faits, mon amour !
Que désormais Lucine et bon Ormille
Heureux ménage, amoureuse affection,
En nous donnant une aimable famille,
Accomplissent nos vœux, notre ambition !
Qu'un fol amour, ou qu'un tendre délire
Naïades, oh ! ne vous aveug'ent pas,
Pour nous, d'amour l'hymen a pris l'empire !
Portez ailleurs vos soupirs, vos appas.

*B. B. Chantons, dansons, etc.*

*Borinosse.* Que ma joie, notre vive alégresse
Vous expriment notre contentement,
Dieux des troupeaux, et Dieu de la tendresse !
Que nous fêtons dans cet heureux moment.
Que nos accens, nos flûtes pastorales,
Le grand tourment des bergers nos rivaux,
Puissent toujours, dignes des monts Ménales,
Charmer, bergère et nos divers troupeaux !

*B. B. Chantons, Dansons etc.*

*Amynthe.* Aimable dieu des cœurs et de la gloire,

Vos trophées , qui font mon grand honneur ;
En m'accordant bien plus d'une victoire ,
Vous réclament l'hommage de mon cœur !
Puissant amour ! si naïade indiscrète
Ravir, vouloit , mon ami, rends le moi?
Ah! c'est mon bien , mon bonheur , ta conquête ;
Nymphe, autrement , plus ne voudroit de toi !
O tendre amour ! mais si quelque volage
Quelque Faune, trop inconstant, léger ,
De la beauté se permet quelque outrage,
Bien le punis , l'infidèle étranger !
   *B. B. Chantons, dansons ; etc.*
   *Verrâtre.* divinités des bois et des troupeaux ;
Aimable enfant , que partout on révère,
Que tour-à-tour, nos voix et nos pipeaux ,
Chantent nos vœux et vos bienfaits sur terre !
Que ces beaux lieux , nymphes des bois , des champs ;
Vous redisent mon amour et mes peines !
Verrâtre est bon , cruelles inhumaines !
Ah! par pitié , agréez bien ses chants,
*BB. Chantons , dansons , etc.*
   *Laforestière.* Par des accens et par des sons de flûte
Dignes de nous et du sacré vallon ,
Oh ! que ce jour de triomphe et de lutte ,
Devienne cher à Pan et Apollon !
Hommage aux dieux de la ménagerie !
A vous aussi, ô trop aimable enfant !
Qui des palais jusqu'à la bergerie,
De cœur en cœur cheminez , triomphant !
Ah! puissiez-vous toucher , rendre sensible
Ma Sylvie, que je n'ose nommer,
Il vous suffit d'un seul trait invincible !
D'être accessible, oh ! daignez la sommer
   *BB. Chantons , dansons , etc.*

*Hircas.* Bien ! quand Sylvain, Pan sont avec Bacchus
L'enfant frippon ! accourt. quitte sa mère,
Se mêle à eux, avec eux fait Chorus,
Oui, mes enfans, croyez-en votre père.
Et selon lui rien n'est mal, tout est bien ;
Il applaudit, lorsqu'il faudroit se taire,
Il rit sous cape, et rit du tien, du mien,
Qui plus que lui, sait mieux le savoir faire !
Ivre de vin, Faune est très-caressant,
L'amour le sait, il en tire avantage ;
Mais s'il devient par trop hardi, pressant,
Qu'un larcin pris, il veuille davantage,
S'il vous poursuit, Naïades, vous harcèle,
Si vous craignez sa pétulante ardeur,
Courez vers moi, démontez sa cervelle,
Faites lui nique ; à l'abri la pudeur !
Ainsi jadis, Naïades, joyeux Faunes,
D'un pied léger, courroient et se cherchoient
Dans tous les bois, les prés et sous les aunes,
Et rapprochés, dansoient, valsoient, fuyoient.

Lui père Hircas, vieux enfant de Cythère,
Un peu badin et même babillard,
Va se prêter au jeu Colin-Maillard
Dût-il, enfans, donner du nez par terre !
Tout en lorgnant à travers son bandeau,
Fouiller, palper, belle gorge et visage
Le Dieu malin lui prêtant son flambeau,
Saisir, nommer quelque espiègle volage.
Force rire, après maints, maints débats
Taper des pieds et même des mains battre,
Que l'on devine ou ne devine pas.
C'est qui fera le diable trois ou quatre.

*La fête est terminée par les ballets de Pan et des treilles.*

---

Chez J.-G. Tournel, place Préfecture, 16 Septembre 1815.